猫咪咨询室：我要开始养猫啦！

[日] 铃木真 / 著
[日] 来来猫大和 / 插画
谢鹰 / 译

机械工业出版社
CHINA MACHINE PRESS

发 行 人　青柳昌行
编辑策划　Enterbrain 事业局：Hobby 书籍编辑部
　　　　　邮编 104-8411　日本东京都中央区筑地 1-13-1 银座松竹广场
主　　编　久保雄一郎
责任编辑　清水速登
装　　帧　木庭贵信 + 角仓织音（Octave）
协　　助　株式会社 Media Magic

北京市版权局著作权合同登记　图字：01-2019-4523 号。

图书在版编目（CIP）数据

猫咪咨询室. 我要开始养猫啦！ /（日）铃木真著；谢鹰译. — 北京：机械工业出版社，2021.1
ISBN 978-7-111-67075-9

Ⅰ. ①猫…　Ⅱ. ①铃…②谢…　Ⅲ. ①猫－驯养　Ⅳ. ①S829.3

中国版本图书馆CIP数据核字（2020）第251441号

机械工业出版社（北京市百万庄大街22号　邮政编码100037）
策划编辑：于翠翠　　　责任编辑：于翠翠
责任校对：赵　燕　　　责任印制：李　昂
北京汇林印务有限公司印刷

2021年6月第1版第1次印刷
148mm × 210mm · 4.75印张 · 81千字
标准书号：ISBN 978-7-111-67075-9
定价：39.80元

电话服务	网络服务
客服电话：010－88361066	机　工　官　网：www.cmpbook.com
010－88379833	机　工　官　博：weibo.com/cmp1952
010－68326294	金　书　网：www.golden-book.com
封底无防伪标均为盗版	机工教育服务网：www.cmpedu.com

前言 猫是种什么样的动物？

可能是地球上进化得最高级的哺乳类！？

如果从生物学的角度来看，这种观点可能完全不被当回事儿。但在家畜之中，猫也许是唯一一种即使不去狩猎，也能在世界各地存活下去的生物。毕竟，仅仅在日本就约有一千万只猫。

尽管人类说自己才是进化得最高级的动物，但在世界的一些地方，战争、纷争始终不断，连自己居住的环境都无法维持。而且，有些人一有什么事就立刻怪罪他人，自己绝不负责任。或许因为猫把一切责任都揽在了自己身上，所以它们既不会挑起无用的争端，也不会拉帮结派地干坏事。换个角度去看，这样顶多被误解成“任性妄为”“性情不定”等。猫的社会结构被形容为平等社会，其中绝不存在什么“欺凌”之事。对动物来说，这可能是十分理想的社会结构了。

倘若对这种神奇的小生物有了进一步的了解，说不定您能从中学到什么智慧。如果本书能助您一臂之力，那真是万分荣幸。

猫医生

目录

哼

呸！

聊身体!

“猫的视力如何?”

“猫为什么有如此多的毛色和花纹呢?”

猫的“身体”充满神秘。

猫医生为您犀利解答!

我看到了一只胡须全都断掉的幼猫，它没事吧?

一开始就来了个大难题!

老实说这方面没有什么医学上的根据，姑且来听听猫医生的回答吧。幼猫的胡须断掉大致分为以下 3 种情况:

① 几乎全部断掉。

② 左侧或右侧的胡须断掉。

③ 只断了几根。

不过，无论哪种情况都几乎是同一位置断了多根胡须，由此可以推测，这些胡须在毛根部的生长期刚好出现了问题。假如胡须的生长后来又恢复了正常，那可能是因为毛根部暂时供血不足，继而导致了胡须发育不全吧。不过这都是推测。

为什么猫的尾巴长短不一，还有弯弯曲曲的呢？因为遗传？

这是亚洲猫的特征。

此为日本麻布大学兽医学院附属动物医院的前院长——铃木立雄医生的专业领域，这是猫的脊椎生长异常所导致的。也有些尾巴短、弯曲的猫，是因为它们的脊椎骨数量不够（没有发育到正常数量）。

纵观全世界，这已成为亚洲猫（多为日本、韩国的猫）身上的遗传性特征。但在遗传学上，日本短尾猫与没有尾巴的马恩岛猫（Manx cat）完全不同。

从肉球之间窜出来的毛，是不是剪掉比较好?

千万别用剪刀!

如果是普通的短毛猫，根本就没有剪毛的必要。而长毛品种的猫,如果是年龄大了或体重超标,则可以帮它们剪一剪。

但是千万别用剪刀，因为有失手剪到肉球的风险。医院用的是动物专用的剪毛推。

猫的毛发比人类的更细,人用的剪刀用起来会比较麻烦，有问题的话就找熟悉的兽医商量吧!

不同颜色、花纹的猫，性格也不同吗？听人说“玳瑁猫聪明”“橘猫黏人”。您感觉颜色、花纹会造成性格的差异吗？

有的有的！尤其是橘猫。

橘猫大多为雄性，有点呆呆的。雌性相对稀少，性格多古怪。我家也养过几只雄性橘猫，实在说不上聪明……虽然这也是它们惹人爱的原因。

而我跟三花猫最投缘。三花猫几乎为雌性，我喜欢那种调皮的感觉。

站在科学的角度上说，我们都明白性格与血型、星座毫无关系。猫的毛色也一样，应该找不出什么依据。但以这种臆想为契机，与猫建立起亲密的关系，我觉得也是挺好的一件事。

同胎生下来的兄弟姐妹颜色完全不同，是因为父亲不同吗？

颜色不同并非因为父亲不同。

猫的繁殖方式属于交配排卵。与狗的自然排卵不同，猫是在交配带来的刺激下，使卵巢排出成熟的卵子。哪怕多次交配，可能造成怀孕的交配也只有一次。因此，颜色不同不代表父亲不同。

唯一能确定小猫颜色的就只有蓝色（灰色）的猫。双亲均为蓝色时，幼崽也全是蓝色。其余的都是根据双亲携带的遗传基因，出现各种各样的颜色，而与双亲本身的毛色无关。所以白猫也能生出三花猫。

不光是颜色，性格多样也是猫的特征。同一批出生的小狗都很相似，可猫即使是同胎兄弟也性格迥异。

Q 6 猫到底能听懂人的多少话呢？感觉它知道自己的名字。夸它“可爱”的时候，看起来也一脸得瑟。

猫是通过“现场气氛”来判断情况的。

猫也是看气氛的。只是猫的这些反应，让人以为它们理解了人说的话而已。

比方说，大家有没有遇到过这样的情形？正准备给猫喂药，还没叫名字，猫就已经溜之大吉了。猫也具备“读心”能力。所谓的“读心”，即像占卜师一样能看穿他人的能力，简而言之，就是看气氛的能力。猫并没有理解语言，而是根据“现场气氛”来判断情况。所以即使把“小玉”念成了“小云”，猫应该也会搭理您的。

猫能听清楚人的“悄悄话”吗?

猫听不清特别小的声音。

以猫的听力，尽管听得见人类听不到的超声波（高频率的声音），但不代表它们听得清特别小的声音。

不过，讲悄悄话的时候，人通常是贴着耳朵在说话，猫大概非常好奇人们在干什么。您应该见过猫看似睡着了，但耳朵还朝自己竖着的样子吧？还有，当您窥视一个小孔的时候，猫八成也会走到您身边坐下来看。它们似乎非常好奇人类到底在悄悄干些什么。

但是说到悄悄话，就算猫听不到内容，恐怕也把你们给看透了吧。

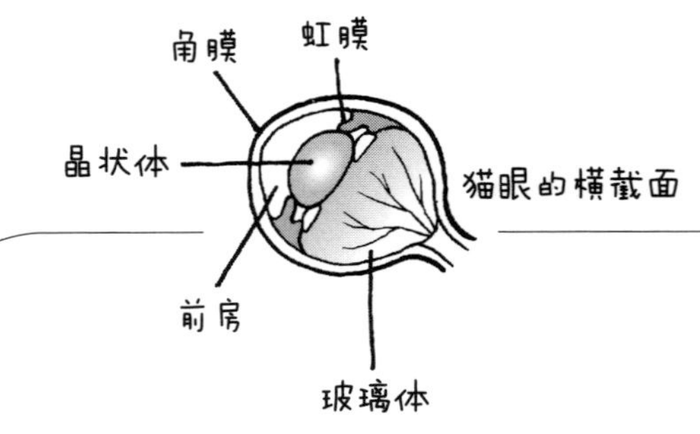

猫的眼睛容易进杂物，它自己的毛发就经常进去，但它看起来好像一点儿都不痛。就算眼睛里进了毛发猫也不会痛吗?

我从前就觉得挺不可思议的。

有时，即使角膜（眼球表面的透明部分）受损，猫看起来也不是很痛。大约在 30 年前，当可以长时间使用的隐形眼镜首次上市时，高度近视的我就戴过。有沙子或别的东西进眼睛时，我都忍痛继续使用，结果出了大问题，被眼科医生狠狠训了一顿。当时灼烧一般的疼痛令我印象深刻。不过即便情况严重，猫有时也能若无其事地睁眼睛。或许人与猫之间确实有痛觉上的差异，但可惜的是尚无明确的依据。

说一点题外话，最近再生医学也发展了起来，有一种再生角膜片能治疗损伤的角膜。它能填补角膜上的空缺处，很多人并不了解这种技术，但最近它在兽医学界受到了关注。

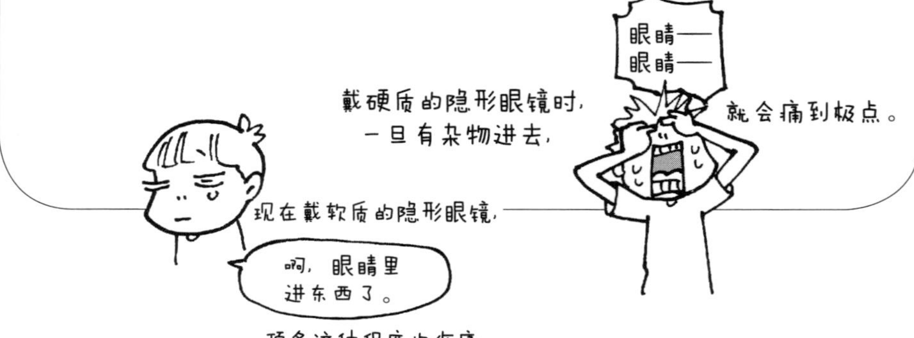

猫的颜色和花纹各种各样，有的花纹还比较独特。为啥猫会长得那么有趣呢?

有基本的规则。

回到三千多年以前，猫的毛色基本上都是棕色虎斑，即所谓的虎斑猫。后来出现了黑色变种和白色变种。豹里面有一种叫黑豹的，仔细一看，它们身上其实也长着豹纹。和豹一样，仔细观察黑猫，也会发现其腋窝等处多留有虎斑。再后来，猫的毛色还变异出了橘色，也就是我们所说的橘猫的颜色。由于形成橘色的基因位于性染色体（X 染色体）上，所以毛色开始和性别扯上了关系。还有白毛里混入了橘色和黑色的三花猫，但三花猫得兼具携带橘色基因的性染色体（X）和黑色基因的性染色体（X），因此只有染色体组合为（XX）的雌猫才会是三花猫。三花猫里面几乎没有雄性，极少情况下，会因为染色体异常而出现雄性三花猫。如今猫的各种毛色，均是由原来的虎斑，后来出现的黑色、白色，以及橘色混合而成，但基本上猫的腹部都是白色的，有颜色和斑纹的部位多为后背处。迄今为止，我见过的最奇怪的猫，是一只仅脑袋为纯白色，而身体是漆黑一片的猫，看起来就像白头秃鹫！简直超乎想象！

脖子上的铃铛会给猫造成压力吗？假如自己被戴上了铃铛，铃铛不停作响的感觉确实挺讨厌的……

正如您所说的，压力大得很。

首先，人类能听到的声音频率与猫能听到的频率不同，铃铛的响声可能令猫极为不适。

而且，我搞不懂给猫戴铃铛的理由。虽然大家都说因为找不到猫的位置，所以才给它戴了铃铛。但每天的同一时间，猫几乎都待在同一个地方。连这个都搞不清楚的话，就是身为主人的失职了。

说起猫，就想到吃干鲣鱼削片、脖子戴铃铛、在暖桌（日本的取暖用具）里睡觉的形象……这些都是人们的误会啦！

我的提问是关于一只 1 岁的雌性白色虎斑猫的。它出生 3 个月时，虎斑部分还是灰色的，感觉最近慢慢变成了浅棕色。猫的毛色和毛长会随着成长而变化吗?

基本来说，猫的花纹和毛色都不会半路发生变化。

只不过，在幼猫发育为成猫的过程中，大约在第 4 个月的时候，猫的全身都会换一次毛，因此可能会觉得毛色和幼猫时期略有不同。幼猫时期毛很长，长大后却变短了，这样的情况也不少。

同一只猫妈妈虽会生下毛色多样的猫咪，但虎斑猫不会哪天突然变成三花猫哦。

Q 12

猫经常相互闻屁股，它们的嗅觉很好吗？猫偶尔也会露出“好臭！”的表情，那是怎么回事呢？还有，我家的猫特别喜欢有我老公老人臭的枕头……这味道让它安心吗？

猫相当依赖嗅觉。

您应该也是被丈夫的气味所吸引，所以才和他在一起的吧？但您大概已经不记得了！人类和猫都具备感受对方体味的能力。简单来说，就是自己跟体味难闻的人合不来，跟无味的人合得来。您丈夫可能当时多少有了点儿老人臭，且他的体味基本上不会变化，从前您应该没闻出丈夫的体味。但遗憾的是，随着感情的淡化，您觉得他变臭了。然后那个“好臭！”的表情，其实是猫在通过犁鼻器㊀感受气味。而且气味是一种含糊的东西，假如始终待在同一个空间里，就会渐渐感觉不到原有的气味了。您每天对家中的气味可能没什么感觉，但旅游回来时，会闻到自家玄关的味道吧？对记忆中没有过的新气味，人会敏感地做出反应，而像体味这类费洛蒙，感受方式皆因个体而异。如果物种不同，对费洛蒙应该是没有反应的，但有时猫也会对人类的气味做出反应。可能这只猫跟您丈夫挺合得来吧？

㊀ 与一般的嗅觉器官不同，是一种接收费洛蒙（学名为信息素）的器官。

幼猫的眼睛起初是蓝色的，感觉最近开始变黄了。眼睛的颜色会随着成长而改变吗？

出生 40 天后，会开始向成猫的瞳色转变。

猫在出生后的 7~8 天时睁眼，这时它们的眼睛基本上是灰色的。过了 40 天，就会开始向成猫的瞳色转变。猫的瞳色大致分为蓝色系、绿色系、褐色系及黄色系 4 类。生来已决定的瞳色不会随着成长而变化，但猫上年纪之后，眼睛里可能会出现一些斑点一样的东西。在国外的电视剧中，似乎眼睛颜色也是人们选择异性时的喜好之一，我也听说过“绿眼睛很性感”之类的言辞，但应该没什么人会根据眼睛颜色来选猫吧？

日语中有一个常用词叫“猫眼”（猫の目），但它的来源不是猫眼睛的颜色，而是它们瞳孔的大小会因亮度而发生明显的变化，即这个词有“易变”的意思。

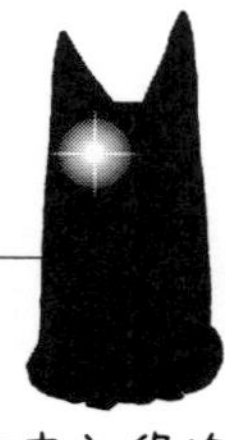

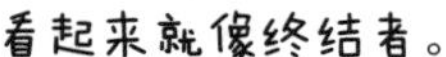
看起来就像终结者。

在黑暗中眼睛发红光的“男孩”们。

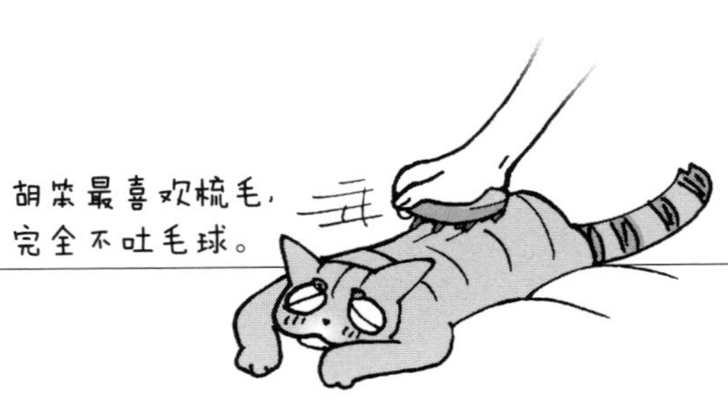

猫总是很勤快地给自己做“打理”，胃里堆满了毛球。有什么方法能让它顺利吐出毛球呢？我买的猫粮可以调节毛球问题，此外也有喂它猫草，还经常给它梳毛。

不是让猫把毛吐出来，而是梳毛时避免让毛进入口中。

尤其是绒毛多的猫，得在用梳子整理毛发后，再用橡胶梳梳理有点硬的毛发，这是打理的基本。就像人们用猫毛来形容软发一样，猫的毛十分纤细，所以金属梳子很容易把毛弄断，最好不要给猫用。给毛为中等长度的猫梳毛时特别麻烦，要注意有可能会出现换毛不顺利的情况。假如猫吐毛球的次数过于频繁，把毛全部剪短也不失为一种方法。顺便提醒一下，猫吃猫草不是为了吐毛球哦！基本上健康的猫不会吃草。至今我尚未明白猫吃草的原因，据说这可能是在代替捕猎中的“拔掉猎物毛”的行为。简单来说，猫压力大时便会吃草，或许这就是真正的原因吧。

另外，关于可以调节毛球问题的猫粮，它并不是让猫吐出毛球，而是让毛发随着粪便排出体外。千万别搞错了呀！

猫是如何辨别主人的呢？每次回家时，猫咪们都会在玄关口迎接我。假如是身穿主人衣服的外人进入了家门，它们能分辨出来吗？就算我化了妆，它们也依然黏我，所以应该不是靠脸来认人的吧，那么是靠气味吗？

主要靠声音。

猫的五感非常平衡。相比之下，人类的五感有 80% 都被视觉所主导，所以一切东西都倾向于靠外表来判断。像“看起来很好吃”“看起来很开心”也都是仅靠视觉信息判断出来的吧？好像日本人尤其擅长这样。比如说电视机，东南亚人似乎更重视声音，喜欢配有大音响的款式，日本人则看重画面的大小和影像的美感。

与我们相比，猫的视觉、听觉、嗅觉的平衡性极好，它们用综合性的标准来辨别事物。猫听觉的频率范围也和人类不同，能觉察到人类听不见的声音，或许对人类来说，猫就像是有超能力一样。所以我前面也说了，希望大家不要在猫的脖子上挂铃铛。

人有没有化妆，对猫来说完全没有关系，因为在那之前，它就已经通过声音、轮廓、动作完成了识别。

猫对看电视很感兴趣，还会扑上去。它好像挺喜欢球赛里面的球，会跳起来玩耍。医生家里有喜欢看电视的猫咪吗？

我家的豆吉最喜欢卡查宾了。

电视上一有卡查宾（日本富士电视台儿童节目中的角色，一个绿色的小恐龙），豆吉就会一直坐在电视的正前面盯着它看。猫似乎分为看得见电视的和看不见电视的。我家的大多数猫就对电视毫无兴趣。电视的画面属于虚像，不过是扫描的信号在一亮一熄而已，因此有的猫看不见画面也不足为奇。或者说可能猫看得见画面，但它明白那只是画像而已，对电视完全没有兴趣。

就如我的上一个回答，猫对视觉的依赖性并不高，不会单靠外表来判断事物。我也是看电视长大的一代，被电视灌输了不少东西。现在不过是手机、电脑取代了电视机，我们可能过于依赖眼睛所接收的信息。而猫充分利用五感来生活，所以在这一点上，人类必须向它们学习。小时候，我也经常被人说“看电视靠得太近，视力会下降的”，但就算没靠近看视力也还是恶化了。并且，我有个疑问：光凭一个电视机，视力真的会变差吗？猫从一开始视力就不太好，所以只能在近处看电视吧。

Q 17 我收养了一只双目失明的猫。请告诉我一些饲养时的建议吧。

最危险的是高低落差。

楼梯这些是最危险的，还请您多注意。我诊察过不少眼睛完全失明的猫，不知为何，大家的性格都挺随和，仿佛生活没什么不方便的。即使一直住在笼子里，恐怕也没什么不妥吧。但可惜的是，绝大多数主人都认为狭小空间里的猫很可怜。对猫来说，最可怕的是环境的巨变，哪怕地方狭窄了点儿，它们也喜欢干净而安稳的环境，因此每天待在同一个笼子里会让它们更安心。话题可能有点儿跑偏了，我家也养了眼睛几乎看不见的金鱼。金鱼也是通过嗅觉来寻找食物进食的。一开始是养在四边形的鱼缸里，笔直游下去就会撞着壁面，但不久金鱼似乎就摸清了鱼缸的基本大小，不再横冲直撞了。后来换到圆形的鱼缸里时，“他”（也可能是“她”）沿着壁面环游了好几圈。虽然不清楚“他”是明白了鱼缸是圆形的，还是以为这是一个超大的、缸壁无限长的鱼缸，总之“他”不再像在四边形鱼缸里时那样，左右地来回游了。失明的猫也一样，习惯以后，就不会再撞到墙壁，在某些地方也能笔直行走。只要进食和饮水都安排在同一个地方，猫就应该能依靠嗅觉顺利生活。为那只猫找到能让它幸福生活的方式吧。

同胞兄弟丸胡与胡雪的性格、体型都截然不同。蓝眼睛的丸胡性格开朗而稳重，体型圆润。黄眼睛的胡雪强势又努力，“型男”身材。眼睛的颜色与性格、体型有关系吗？顺便一说，蓝眼睛的胡笨也是开朗稳重的性格，圆润的体型。

竟然收到了来来猫的提问！

在诊察过程中，如果兽医说的是平日所看的文献里的舶来词，来来猫的眼睛会越眯越小，要求他说得简明易懂些，所以我想尽量避免理科式措辞。在这套书里，我也打算在这方面多下些功夫。

那么，首先说到遗传，让我们回到距今约 200 年前，从孟德尔定律说起。对豌豆外表的研究成为这一定律的开端，但当时自然没有 DNA 解析等概念，只能用被称为“显性性状”的“生物外表”来解释对象。反言之，如今也是这样，人类自然而然地用外表来概括事物，而科学是依据本质来概括事

物，反倒让人感觉不自然。正因如此，一对白猫兄弟，如果其中一只是黄眼睛，另外一只是蓝眼睛，在人类看来就是不自然的。个体的差异被进一步强调，使得人们试图区分它们的“个性（identity）”（这点儿舶来词就忽略掉吧）。像这种靠外表来区分群体的行为，便是差别的起源，如种族歧视的形成。很不幸，这是所有人类具备的特性，而甘地（Mohandas Karamchand Gandhi）和特蕾莎修女（Mother Teresa）属于特例，所以才能构筑伟业。可是猫的世界中有甘地和特蕾莎修女吗？假如他们转生在了猫世界，恐怕也完全不起眼吧。这是因为在猫的社会里，完全不会发生需要去拼命阻止的纷争。

仅凭显性特征去概括性格，这样会误以为发现了本质，虽然我想说的只有这点，但稍微扯远些，我很明白您的这种心情：有双胞胎猫的话，会特别想拿它们做比较。再多扯一些，那是在我小的时候，还没学到“双胞胎”这几个汉字，因为红烤肠都长得很像，所以我把双胞胎错称为“烤肠”。当时，小学的同级生里面有一对双胞胎女孩，我母亲说：“总分不清谁是谁。”但我这小孩子却从来没弄混过两人。或许是因为成人的知识起了干扰，让他们靠外表来判断事物，所以才造成了这样的情况吧。但我现在还是有

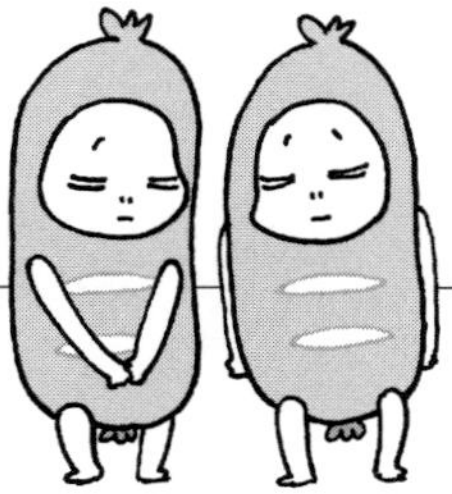

双胞胎烤肠说

你就是我吗？

不擅长弯曲关节，
行走时四肢都是伸直的状态，
脚步声也很大。

信心自己不会认错，毕竟我是个就算对方改变发型、妆容，也完全不会发现的扫兴大人。

像丸胡、胡雪这种身体为纯白色的猫，眼睛基本有三个类型，分别是“蓝色的虹膜”“黄色的虹膜”及左右眼虹膜分别为蓝色、黄色的“阴阳眼”。绿眼睛的白猫特别罕见。被问及自家猫咪的眼睛是什么颜色时，几乎所有的主人都回答不上来，但或许纯白色的猫眼睛颜色比较醒目，它的主人相对容易答出来。可遗憾的是，关于本问题所提到的瞳色与性格的关联，我尚未找到确定性的根据。没错，就像用血型来判断性格一样不靠谱。

我相当佩服来来猫，能把这两只身体略有问题的猫养成今天的样子。它们在出生后的 50 天左右，被检查出运动功能有问题。动起来的样子明显不同于其他的兄弟。随着成长，它们有了经验，问题在一定程度上得到了缓解，但令人着急的是，身体却没什么改善。多亏了来来猫的耐心养育，它们看起来很正常，从外表上几乎无法察觉异样。它们从小就有气质上的差别。那是在虹膜还没变色成现在这样、早于出生后 3 个月的阶段。幼猫刚好会在出生一周时睁眼，这时眼睛还不是长大后的蓝色、绿色，全都是灰色的。当时，它们在医院里住了一小段时间，所以我还记得，胡雪到最后都没有尝试自己进食。而现在它却好像成了一名“强势的努力家”，可能是我那不厌其烦地给它喂食的夫人，把自己的顽固传染给了它？倒是当时的丸胡给人留下了求生欲强的印象。

胡笨，我也是从人工哺乳的时候开始接触的。虽没给我留下稳重的印象，但既然主人都这样说了，那就没错了吧。可惜的是，我没能给白猫军团做听力检查，所以无法断言，不过和其他的猫相比，耳朵有问题的猫可能有点儿古怪。给猫做听力检查时，只能在麻醉之后往耳朵内输送信号，然后测量脑波变化。它们不能像人类一样，听到耳机里的声音后按下按钮，因此这样检查也是无可奈何的。不过，白猫的听觉障碍并不是完全听不到声音，好像有时单边耳朵也能听见，所以主人往往不会发觉。这类不利条件可能会对性格造成影响。

关于体型，有很多猫兄弟姐妹都不一样，即使吃的东西一样，同胞胎也会长成完全不同的体型，这些我都碰到过。“型男”是最近才出现的形容词，摸摸自己的猫，如果感觉肌肉适中，那正是猫的理想身材。

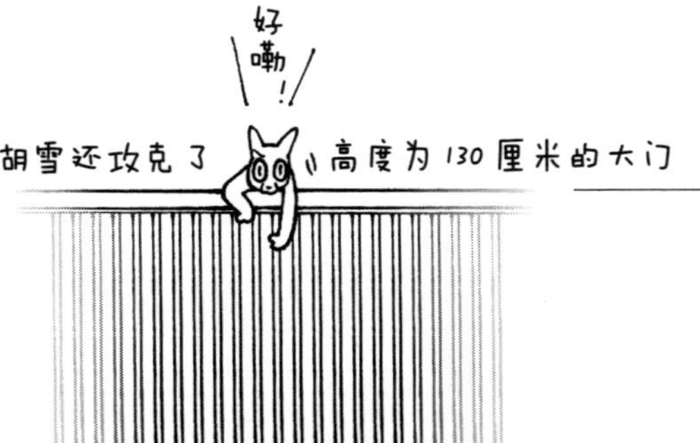

聊习惯！

猫有时咯吱咯吱地磨爪子，有时咕噜咕噜地“打呼噜”。

有时跳进篓子或锅子里，有时目不转睛地盯着镜子。

猫的举动可爱又有点古怪？

但是从这些“习惯”中，或许能了解猫的心思！

听说猫不止会在高兴的时候发出“咕噜咕噜”的声音，这是真的吗？

如果认为这是猫开心的表现，作为主人就太粗枝大叶了！

这原本是小奶猫找母亲要奶喝时的信号声。所以，猫发出“咕噜咕噜”的声音，意思是在提“要求”。猫因为生病而身体不适时，咕噜叫是希望主人能让它舒服一些，这点大家知道吗？

也有发不出咕噜声的猫，但这可不是因为生病了呀。

猫明明讨厌湿漉漉的，可我泡澡时，它却一直盯着我看，这是为什么呢？

可能……在想“你跟个傻子似的！”

这只猫不会是偷窥狂吧……我们家也有偷窥狂性格的猫，会一直盯着人洗澡。可说实在的，要弄清楚这种行为的动机很是困难，就算有人能给出恰当的解答，恐怕也都是假的。

正因为猫讨厌被弄湿，才会好奇人在水里面做什么，在猫看来，它们可能心想：“干吗在恶心的水里面玩那么长时间。跟个傻子似的！”又或是主人的裸体特别好看，让猫很感兴趣？

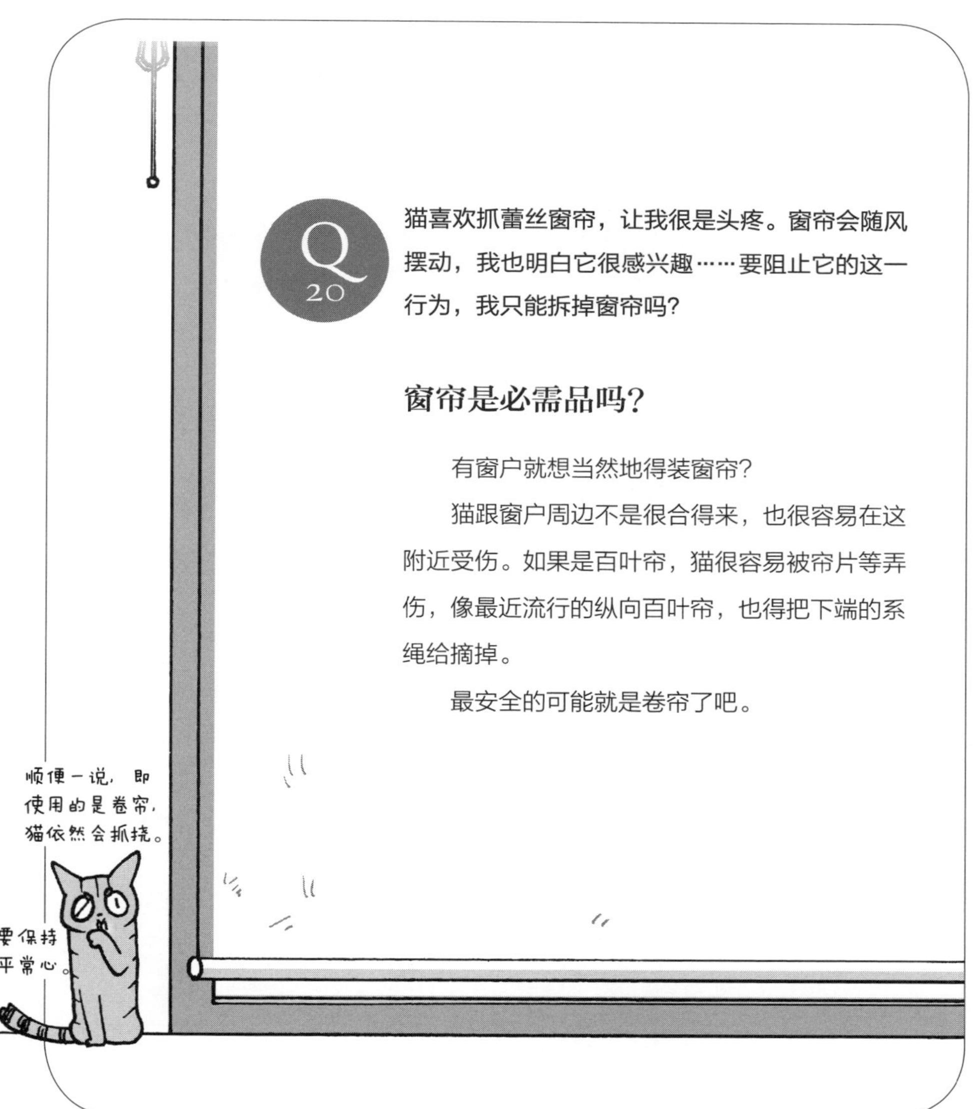

Q 20

猫喜欢抓蕾丝窗帘，让我很是头疼。窗帘会随风摆动，我也明白它很感兴趣……要阻止它的这一行为，我只能拆掉窗帘吗?

窗帘是必需品吗?

有窗户就想当然地得装窗帘?

猫跟窗户周边不是很合得来，也很容易在这附近受伤。如果是百叶帘，猫很容易被帘片等弄伤，像最近流行的纵向百叶帘，也得把下端的系绳给摘掉。

最安全的可能就是卷帘了吧。

为什么猫特别喜欢钻东西呢，像瓦楞箱、笼子之类的。经常看到猫得意扬扬地钻进小到得把身子挤进去的东西里。

喜欢狭窄的空间算是猫的天性吧。

与草食动物不同，猫的眼睛长在一个平面上，视野无法顾及左右两侧和后方。因此，当猫处在睡眠等毫无防备的状态时，比起挨着单面墙壁，它们更喜欢夹在两面墙间，比起两面夹着，更喜欢三面环绕的地方。狗可能因为有集体行动的习性，所以在平坦空间的正中央也不会害怕。而猫除非有什么特殊情况，否则是不会睡在房间正中央的。

不过也有例外，有的猫进到袋子、箱子里后反而会陷入恐慌。这样的猫一般被收养时已经是成猫了，主人不了解它的过往，可能是因为被抛弃的时候就是装在袋子里的，抑或是因为小时候在箱子里遇到过可怕的事情。

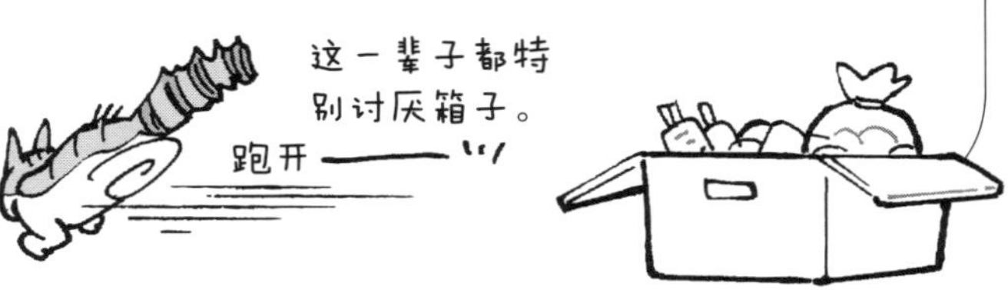

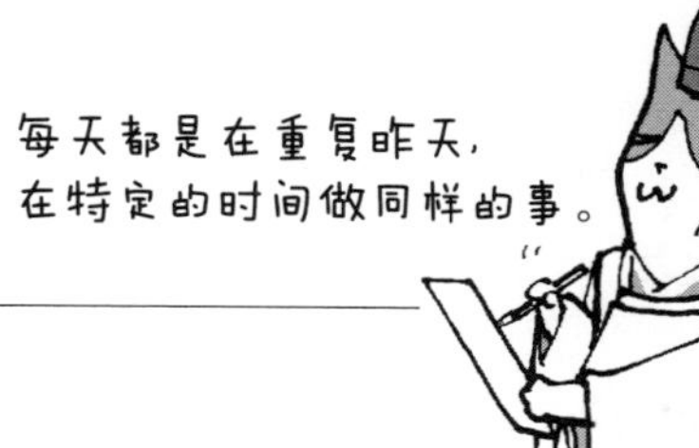

我养了几只猫。其中一只，白天的时候会逃到一边，可晚上其他猫都不在时，就会小心翼翼地过来撒娇。它是在回避其他的猫吗？还是在戒备？为什么只在晚上这样？我很想知道它的感受。假如有什么让它觉得紧张的，我想让它放下心来。

应该是有起因的。

这些行为只是从习惯发展而来的。抛开昼夜问题不说，一开始应该是有什么原因让它变成了这样。

猫有每天在同一时间做同一事情的习惯。所以，它们会在特定的时间于同一个地方睡觉，如果主人一时兴起，在不同于以往的时间点去抱猫，便会遭到猫的抗拒。每天都毫无变化的平淡生活，对猫来说才是最轻松安逸的生活，因此就这个提问来说，猫应该没有什么紧张的。

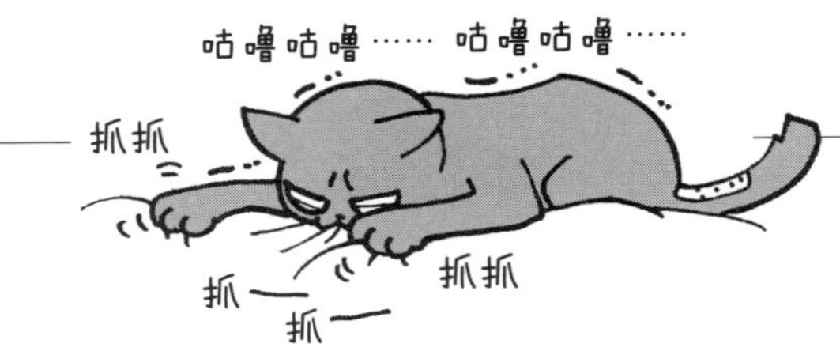

每天天亮时，猫就会开启撒娇状态，钻进被窝里用力抓我。样子虽然可爱，但弄得我很痛。这是把我当成母亲了吗？

是哺乳期留下的习惯。

这不是因为从您身上感觉到了母性，而是幼儿期所依存的特征。家养动物是一种能幼态延续[一]的动物，所以才会出现这样的行为。基本来说，比起短身型（如波斯猫）、半短身型（如英短），这种行为在长鼻品种（如暹罗）中更加明显。

听说，人类吸烟似乎也属于相同的行为。吸烟并不是因为单纯的尼古丁中毒，而是吸母乳留下的习惯，因此烟的粗细才比较接近母亲乳头的大小。饭碗也是乳房大小的更适合，把称手的碗翻过来一看，也会有这种感觉。

既然不必露出胸部，那么这点疼痛就忍一忍吧。

㊀ 指成长过程中保持幼时的状态特征。

我家的猫会自己贴过来主动让我摸。我抚摸时它倒挺高兴的，可是，摸完后它会立刻整理毛发。亏我特意抚摸它，感觉真不好。是我抚摸的方式不对?

人类自己不也一样，不管被谁摸了头发都会整理的吧！

本问题没有标准的回答。您感觉不好，难道不是因为自己的任性?

这么回答可能会让您生气，总之一听到主人说“亏我特意”这种话，我就忍不住想教训“这都是您自私吧？”

和善的兽医也许会说：“肯定是手上沾了什么气味，洗干净后再摸吧。”但我会怒斥：“应该去问猫，希望您如何抚摸，抚摸哪些地方。”

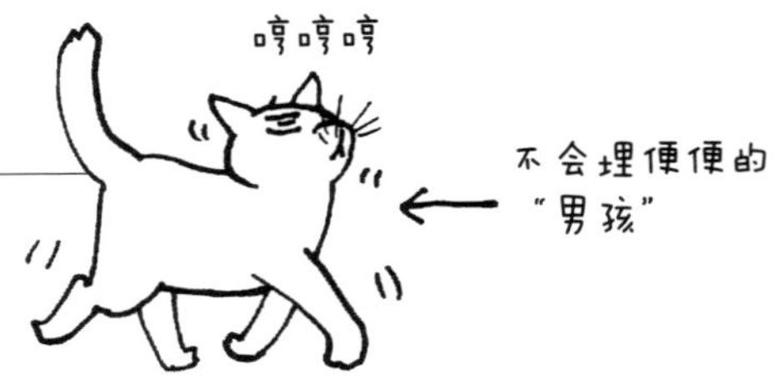

说到排便后的处理，猫分为会把粪便埋好，以及完全不埋这两种。猫会在厕所外缘拼命扒砂，把粪便遮住。我以为对猫来说，用猫砂藏住粪便是再自然不过的做法，可不想藏粪便的猫为什么不会这样做呢?

准备好松散细碎的猫砂。

先要说的是，也有猫排便后不做任何处理。因为这方面没人做过调查，所以也说不大清楚，我个人感觉猫掩藏粪便的技术没有以前厉害了。在猫砂出现前，人们还在用河砂给猫做厕所，似乎很多猫都能把粪便埋到完全看不见。

事实上，给猫排便用的猫砂，颗粒每年都在变大。大概是把方便人类清理放在了首位吧。因为人们抱怨颗粒太细的猫砂打扫起来麻烦，方便省事的卖得更好，所以厂家才会推出这样的商品。只要准备松散细碎的猫砂，说不定猫就能轻松隐藏好粪便。说句题外话，尽管最近好像都没人在用了，“佯装不知（日语中的ネコババ，直译为猫粪）”一词其实来源于猫埋藏粪便的行为。

真是的……
又来了！

帮忙埋便便的猫

我的问题是关于一只苏格兰折耳猫（16 岁的雌猫）的。最近，只要把厕所里的猫砂换成新的，它就铁定会吃。有人发现的时候还能阻止，可它暗地里还是吃了猫砂，水盆附近都掉有沙砾，吐出来的东西里也混有沙砾。它是犯痴呆了吗？对身体会不会有影响？

怀疑是某种代谢异常。

在回答这个问题前先容我说一句：苏格兰折耳猫是不该繁殖的品种！而这得从 20 多年前说起，根本讲不完。人类实在太残忍了，竟会觉得基因突变的猫可爱。就如象人约瑟夫·凯里·梅里克（Joseph Carey Merrick）的时代，或许这就是人类未曾改变过的本性吧。

再回到本问题中的异食癖。如果这是发生在高龄时期的症状，首先应该怀疑是否有什么代谢异常。有时更换猫砂的品种就能恢复。

虽然猫砂几乎没有毒性，却会伤害消化器官的黏膜，所以注意不要让猫吃砂。

卖不掉的阿蒙，卖家说它是只苏格兰折耳猫的混血。

而阿蒙唯一与其相似之处，恐怕只有会“苏格兰坐”㊀这一点了吧。

㊀ 即像苏格兰折耳猫一样懒洋洋地瘫腿坐着。

我一用Isodine（注：日本明治制药生产的一种漱口药）来漱口，猫就会扑过来。我会注意不让猫喝到，这是猫喜欢的气味吗?

偶尔也有喜欢曼秀雷敦和 Isodine 的猫。

我家的小桃也会对湿巾流口水，在上面蹭来蹭去。不过，Isodine 属于碘类药物，最好别让猫吃到。

但遗憾的是，我们尚未明白为什么特定的猫会对化学物质产生反应。

如果让我强行列一个假说，那可能是与猫的犁鼻器有关吧。它不同于一般嗅觉器官，是一种接收性费洛蒙等体外费洛蒙的感受器，您家猫的体质可能刚好会对 Isodine 产生反应。

我家公猫做过绝育手术，可是喷尿的情况依然严重。我发现后会立即清理，尽量保持干净。厕所也尽可能地多摆了几个，早晚勤扫厕所。空气净化机已经开到了最大，可还是留有公猫独特的气味。这个毛病有办法纠正吗?

据说即使做了绝育手术，也仍有5%的猫会喷尿。

而且猫的只数越多，概率就越大。另外，即使只有一只猫，如果家里混入了外面其他没做过绝育的猫的气味，猫可能又会开始喷尿。反之，也有的猫就算不做绝育手术也不会用尿液做标记。

这些暂且不提，本次的问题是残留的公猫气味，您确定猫的两个睾丸真的全部摘除了吗？如果还留有一个睾丸，便等于没有绝育，喷尿时仍然会留下独特的气味。在两个都已摘除的情况下，若要改善这种状况，就只能采用费洛蒙疗法。

空气净化机无法去除公猫的气味，向兽医仔细说明情况后再开药吧！

我皮肤很敏感，所以没有用市面上的化妆品。用的是婴儿油和橄榄油，可睡觉时猫会舔舐我的手和脸。这些对猫没害吧？

不能让猫舔！

这个问题其实我写过一次，但后来发现有误，所以从头重写了一遍。在原先的回答中，我以为化妆橄榄油与食用橄榄油是同一品种，可之后化学公司的人告诉我二者不是一回事。

因此不能让猫舔！具体原因在这里无法详述。另外，就算是食用橄榄油，也最好别喂给猫。也有少数人为了不让毛球在胃里堆积，而定期给猫喂食橄榄油，但这样会引发热量方面的问题，所以应该避免，另外猫还会腹泻。

如果没有这样的机会，我可能就不会知道，直接从他人那里获得书本、网络上没有的信息真的非常重要！

Q 30

我家猫经常拉肚子。我孩子的朋友过来玩时，它会躲起来，然后当晚或是次日早上就会出现腹泻。“时分”（注：立春的前一天）之日家里撒豆子的时候也是，第二天早上就拉肚子了。带它去看兽医，兽医说没什么问题。那么压力才是原因吗？我家里狭窄，都没有专门给猫的房间，我很烦恼到底该怎么办。

腹泻的原因不止一个。

而且就算检查过粪便，也无法轻松诊断治疗。毕竟纵观猫粮的历史，人们一直致力于避免让猫产生腹泻，后来还意外地发现了避免尿路结石的配方。

如果是精神方面的原因，可以用抑制焦虑的药物来治疗。但是，撒豆子是吓唬小孩的驱鬼仪式，您想让猫理解这点，未免太没有常识了吧？不用准备专门的房间，每天努力过安稳的生活，这样不就能轻松改善了吗？比如说，准备一个猫专用的笼子，当孩子的朋友过来玩耍时，就让猫进去避难。狭窄的空间决不会给猫造成压力，通过笼子的隔网拉开了生物学上的距离，这和给它准备大房间有同样的效果。

哪怕是初次到某个地方，只要有个小帐篷，大多数猫咪都能安静下来。

公猫在发情期会叫个不停，有什么原因吗？

这个提问，连前提都搞错了！

发情期一词是用在雌性身上的，雄性只是受其影响而已。只要雌性不发情，基本上就不会引发雄性的繁殖行为。尽管我无法回答猫叫的原因，但如果附近的猫是雄性（同性），那它也许是为了证明自己在遗传上的优越性，而如果附近是雌性（异性），意思可能就是“想留下子孙后代的话，就请现身”吧。

基本来说，猫的叫声不同于狗（狼），没有联络的含义。但是，大声叫嚷中肯定有某种意义，可能就跟雄性人类抱着吉他大吼大叫是一样的吧！

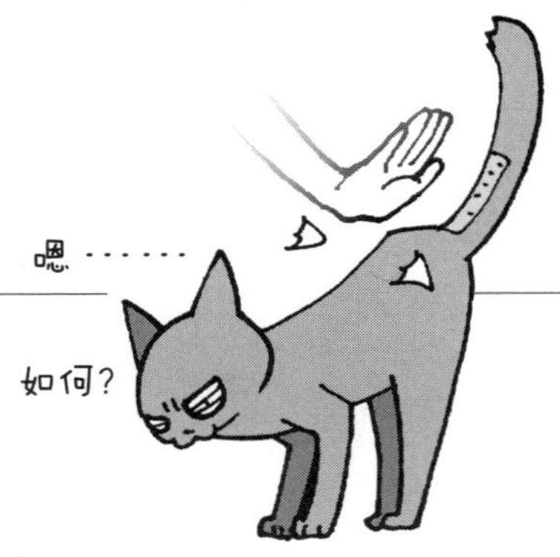

Q32 我家猫会死乞白赖地让我拍它的屁股（尾巴的根部）。我都是轻轻地拍，这样不要紧吧?

这是对敏感带的刺激。

听着可能有点色色的，动物的分泌腺附近的神经都较为敏感。比方说，腋下被轻轻触碰时，会觉得痒吧？然而，用一定力度触碰时，反而会觉得舒服。人类腋下的分泌腺发达，附近最为敏感。而猫的分泌腺位于背上的尾巴根部，那里最为敏感。有的猫更喜欢主人摸的时候稍微用点儿力，有的猫则是稍微摸一下就生气，这些都属于个体差异。还有像我家乌冬（雄性）那样的猫，非得用力拍打到能让旁人以为我是在欺负猫才觉得高兴。

顺便一提，下颚和耳朵根部也是一样的，抚摸时猫应该也会高兴。自己来判断猫喜好的力度吧！

我家猫一淋浴就会吓得逃跑，给它用洗发水会不会有改善呢？

与其用洗发水，还不如用水擦拭房间！

这只猫是有什么气味吗？绝育过的猫如果身上有气味，说明身体状况特别糟糕。基本来说，猫的皮脂腺不太发达，所以不洗澡也不会像狗那样出现体味。长毛猫也只需用梳子进行整理，不用洗发水应该也没问题。似乎大多数主人都先入为主地认为猫讨厌水，可是猫会游泳的，据说土耳其凡湖畔的猫还喜欢下水。不过，猫怕淋浴那样的声音不是很正常吗？小孩子也一样，就算讨厌洗发水，也会开心地玩水。

还有一点。皮脂腺不发达说明身体表面油分不多，如果用洗发水来清洗，会降低皮肤本身的抵抗力。有些女性把脸上的油分当成死敌，但好像油分多的皮肤更不易长皱纹哟。与其用洗发水，还不如用水擦拭房间。水会吸附那些水溶性的污垢，为了猫的安全，用抹布打扫也是非常重要的事情。

我养了只黑猫（3 岁的雄性）。每天早上都会缠着让我抱它，可一抱起来，它就会撒娇似地啃咬我的肩膀或手臂。它为什么要咬呢?

因为特别喜欢您呀。

雌猫的啃咬多是出于母性，而雄猫的话，希望您理解为这是它作为雄性的爱意。

正如英国动物学家德斯蒙德·莫里斯（Desmond Morris）所言，和喜欢的人在一起时，人类会自然而然地想用手去触碰对方。只是在社会规则的抑制下，情侣通常会在无人注视的情况下相互触摸。因为手可以抓东西，所以能直接将对方拉过来，同样的道理，猫用嘴来代替手将对方拉近自己。表达爱意的差异真是难以捉摸呢！

医生的太太在安抚来来猫老师家的猫咪时，会捏猫的耳朵吧？是因为猫耳的温度低，所以捏住时猫才会变得老实吗？

不管哪种动物，被捏住耳朵时都会变老实。

比如说有一种棍子上附有绳套的简单工具，能安抚马，令其冷静下来。我太太是名骑马指导师，和安抚马相比，安抚猫恐怕轻松多了。这应该与耳朵的温度没什么关系，但神经上会有放松的感觉。

然而，不要只捏着耳朵，更重要的是让头部固定在一个位置，即安抚猫的诀窍就是别让它的脑袋乱动吧。话虽如此，做不到的人始终做不到，也有人第一次就能做好。这或许取决于与生俱来的悟性，但如果连自己的猫都安抚不好，作为猫奴就有些羞耻了。

我的猫会愣愣地盯着镜子。我发现后，通过镜子与它对视时，它要么尴尬地移开视线，要么一本正经地喵喵叫，并向我走过来。猫也会关心自己的模样吗?

猫应该……知道镜子里的是自己吧。

有的猫生来第一次看到镜子时，会瞬间陷入恐慌，但大多数猫都只会冷静地闻一闻味道，然后直接蹭一下。其中也有我家小鰤那样的自恋猫，会对着镜子给自己整理毛发。如果它会说话，估计会说“瞧，我这么可爱”吧。也有的猫不会通过镜子与自己对视。实际上，猫能看到多大范围，个体间的差异很大。

和动物对视就是一种信号的发送与接收，动物当然会走过来或者离开。千万记住，和猴子对视是会被攻击的。

三个月大的公猫总是咬着人的腿不肯放，成年之后它会有所收敛吗？请告诉我有没有什么解决方法。

它会咬主人的脸吗？

从猫的大小就能知道，因为主人的手脚和脸隔得太远，所以小猫还无法理解那些是主人身体的一部分。随着成长，猫基本上都会意识到这点。但如果过度抚摸或过分接触，猫有可能会变得脾气暴躁，就没办法好好剪指甲和打针了，所以还请注意。虽然也取决于抚摸的方式，可就像人不喜欢被马一般大小的动物触碰，猫也一样，人长时间的抚摸也会引起它的反感。

解决办法就是当猫过来玩腿时，用自己的脸让猫离远点儿。这么说可能有点抽象，用手赶、哇哇大叫地逃跑都会起到反作用，不妨试着闷不作声地把脸凑近猫。猫可能会捉弄您的长发，却不会咬您的脸。当然，这时必须盯着猫的眼睛看，如此它定会松口的。

我家猫会在凌晨 3 点多叫我起床。我以为它想吃饭，但又不是，看样子是想玩耍。于是我不仅在白天让它玩得筋疲力尽，还不让它睡午觉，可依然没用。它为什么要闹腾呢？

猫本就是昼伏夜出的。

实际上，猫会在一天中交替进行几次睡眠与活动，所以不可能过上“白天一直清醒，只在晚上睡觉”的规矩生活。可是，猫自然也存在着个体差异，既有天亮时自娱自乐的猫，也有主人早起工作时，依然若无其事地躺在脚边的厚脸皮。不过，常有人问该如何想解决半夜被猫弄醒的问题。其实基本上有一半是主人的责任。有不少这样的情况：猫半夜里玩耍，于是主人也爬起来，但又嫌麻烦，就喂点吃的以为可以让猫安静点儿。可对猫来说，这样正中了它们的下怀，于是第二天又会做同样的事。

我们家从未出现过这种问题。因为不管是猫上蹿下跳，还是想打断我的睡眠，我在睡觉期间都把这些彻底屏蔽掉了。

只要用逗猫棒或是用手指走路，我家的猫就会把脑袋晃来晃去的。其他猫也会做出这样的举动吗？

大家多少都会这样做。

猫头鹰和猫都是双眼长在正面，发现猎物时，为了确定距离通常都会上下左右地晃动脑袋。高智力的动物由于不是单靠平面来判断事物，一般会好奇事物后面和侧面的样子。成天盯着电脑、手机，只靠平面来判断事物的人类，处理信息的能力也许还不如猫。事实上，比起静态的影像，动态的影像在眼睛内部的视网膜上激起的电信号似乎更多。所以，通过活动脑袋移动眼睛的位置，能够将眼前的东西看得更清楚。猫本来呆呆地蹲在原地，突然就冲出去扑蟑螂也是同样的原因。

另外，以下内容虽然和这个提问没什么直接关系，最近市面上似乎有各式各样的猫咪玩具，但因为没有安全标准等规范，猫误食的案例也在上升。不久前，我才刚给一只吞入了老鼠玩具的猫做了手术。我说这些的意思，不是让有关部门来设立什么规范，而是希望人们去摸索常识范围内的安全玩耍方式！

关于对视时猫眨眼睛的行为，有书上说这是猫表达爱意的举动，您怎么认为呢？尤其在入睡前，猫会对我眨眼很长时间，感觉像在跟我说各种各样的话。

猫一般不会眨眼眨得这么厉害。

但是，在很困的时候猫也许会频繁地眨眼。呼唤猫的名字时，它们经常用眨眼来回答，但与其说这是表达爱意，更应该解释为它们有话想说。眼睛如嘴巴一样说话，猫的眼睛以及耳朵的角度中应该满载着关于情感的信息。在一部叫《别对我说谎》（*Lie to Me*）的美剧中，主人公仅凭表情就能判断真伪，比测谎仪还厉害，我们应该也能从猫的眼神里看出很多东西。

比如说被我们家人戏称为“哥斯拉眼神”的眼神，就是猫怄气时经常会流露出的——眼皮如哥斯拉一样胀鼓鼓的，一眼便能看出来猫的心情很糟糕。如果不搞清楚这些，恐怕会被猫嫌弃吧……

主人一开始吃东西，猫就铁定会去上厕所。其中有什么原因吗?

可能是形成了一种条件反射，闻到食物的气味时，肠胃就会开始活动吧。

排泄有时会与特定的事件关联在一起。比如：把猫装进外出笼出门时，猫在车里排泄；更换猫砂的时候排泄；特定的人物进入房间时排泄……猫和狗不同，是一种习惯在固定场所排泄的动物，所以无须教它们上厕所。猫的领养启事中经常提到“已经教会了上厕所”，我总是会想“这不是教出来的，而是习惯”。

不过回到本问题中的情况，要教猫在其他时间点排泄可能相当困难。把厕所放在看不见的位置或许就是最简单的方法了吧。

我上厕所时，猫也会一起进去。坐在马桶上时，它就会爬上我的大腿，又是打呼噜又是蹭人。基本上，它只会在人类的厕所里老实让我抱。它喜欢厕所吗?

并不是喜欢厕所，每天在同一地点做同样的事情是猫天生的习性。

会不会是猫第一次进厕所时，您就是抱着它上了厕所?同样的行为多重复几次，假如猫并不讨厌，下一次它应该就会主动进行这种行为。不过，抱猫也看情况，不喜欢被抱的猫会抗拒到底，喜欢被抱的猫则可以一直被抱着。大家的习惯各不相同，我家乌冬的习惯就有点儿古怪。当我走向卧室时，它肯定会冲在我前面，在床上先等着。不，它仿佛非得在床上等着似的，假如时机不巧，我先上了床，它就会很不开心地离开。可当我重新回到客厅，坐在椅子上呼唤它的名字后，它又不知从哪儿跑了出来，冲到床上去。我无可奈何地上床躺下后，它就满足地眯起了眼睛。猫还真是麻烦!

发现猫干坏事后，我会怒斥“又捣蛋了吧！”这时，猫就会发出“喵呜呜……”的叫声，并悻悻地逃掉。猫这是在给自己开脱吗？

是以谁的基准来决定好坏呢？

从猫的角度来看，它可能觉得自己干了件好事呢。人类也是一样，准则各不相同，自己认为的坏事，在其他人眼里或许就不值一提。对他人行为的评价，皆取决于自己的经验和尺度吧？对猫应该也是一样。从小，我喜欢动物的母亲就教育我“与其赶猫，不如把盘子拿开。（治标不如治本）”小时候我觉得这句话不对，挺坏心眼儿的。但今年是我成为兽医的第 30 年，我总算理解了母亲的这句话，并且能昂首挺胸地也对别人这么说。可能有些跑题了，前阵子，有位给外面野猫喂食的老人病倒住院了。老人不觉得给外面的猫喂食是件坏事，但附近的居民自治组织似乎觉得很苦恼。后来，没有人照顾猫了，懊恼的居民自治组织负责人只得自己接下这项工作。不管在什么地方，给外面的野猫喂食已经成了问题，对那些为救助街猫而自豪的人来说是件好事，但对于那些院子出现猫粪的人来说则是件坏事。究竟是好是坏，因为人的价值观而出现 180° 颠倒的例子多不胜数。制订与猫生活的规矩时，也只能相互协调彼此的问题。

我家的雌猫一抱起来，就会舔人的手和手腕。这是什么意思呢?

我家喜欢舔人的猫每代都是雄性，不过也有舔人的雌性吧。

猫这些哺乳类会做出名叫“Allo-grooming（相互理毛）”的行为，如相互舔舐，整理毛发。假如是同类间无法相互照料的低等物种，甚至会若无其事地相互蚕食。关于本问题中猫舔舐主人的举动，如果解释为相互理毛就有点微妙了。即使猫对人类毫无兴趣，有时也会过度舔舐。比如说，有在意的特定气味时，猫就会舔人。还有的猫因为很在意薄荷和化妆品的气味，而一直舔人。我听到最多的情况，要属涂肩痛药膏时，猫会一直舔涂药的位置，以及舔舐涂有护手霜的手。这种情况下，猫究竟是因为讨厌该气味而想消去它，还是因为喜欢才舔，就只能去问猫了。恐怕许多主人都以为“猫是为了表达爱意才舔我”，并非没有这个可能，但也可能是因为有它讨厌的气味，它想把气味舔掉。猫可真难懂啊。

重要提示：美国曾有报道称，有猫舔过肩痛药后出现了中毒症状。因此，如果有被猫舔的可能，请尽量少用含止痛成分的肩痛药。

我家猫喜欢抓墙壁和沙发。虽然我放了猫抓板，可它根本不用。究竟是猫抓板不好用，还是我没教育好呢？有没有什么让猫使用猫抓板的诀窍呢？

磨爪子无关教育。

希望您能明白：磨爪子的行为并非为了磨爪子，而是猫在做记号，表示“这里是我的地盘”。所以磨爪子的地方应该是房间里比较显眼的位置，在猫平时生活的活动范围内。您现在放猫抓板的位置是不是不大显眼？所以得重新摆在比沙发更醒目的地方。还有一点，是关于猫抓板的材质。我尝试过很多种，猫更喜欢牢固的瓦楞箱，大小刚好能爬上去的那种。价格并不贵，请务必尝试一下。相反，如果有什么地方不想让猫留下抓痕，用材质有光泽感的东西覆盖即可，因为猫喜欢在质感粗糙的地方磨爪子。我家也有一块用了 20 多年的手织毯，简直是最棒的猫抓板！现在猫也会在上面放肆地磨爪子，但它完全没有破线。记得买回来的时候不怎么贵，可当我想再买一块时，发现价格贵得惊人，于是就打算这张直接用上一辈子得了。凡事都是如此，一分钱一分货，必需品还是咬咬牙买质量好的吧。

附近有个地方经常有猫聚集，偶尔还能看到“猫的集会”。它们是聚在一起交流吗？还是说是一种习性？“猫可真神秘啊”我注视着它们时这样想着。

大概猫也觉得人类很神秘吧！

其实以前，我还出门检验过这一事实。然而，那并不是猫主动发起的聚会，而是一群等待老太太过来喂食的猫咪团伙。自那以后，我就一直心怀“猫真的会搞聚会吗”的疑问。我家的猫也是，有时全体猫咪会无故地在吃饭以外的时间段集合，恐怕真的是有聚会的习惯吧……

其实我也会好奇人类到底在干什么。最近让我最纳闷的，就是所谓的 SNS（社交网络服务）！干吗要把自己的食物特意拍下来发给众人看呢？自己喜欢某种东西，就非得让别人也看看？对于有事时只用电话通信的我来说，用 Facebook（脸书）的人才是特别神秘的吧。

猫上完厕所后会开始兴奋地“便后冲刺”。又是往窗帘上面跑，又是“咯吱咯吱”地磨爪子，还一个劲地跑来跑去。阿笨、胡笨、胡铁尤其兴奋。这是怎么回事呢？有没有医学上的依据？

其实人类小便之后会身体发抖，不过女人可能不会这样。

从医学上来说，小便排出体外时会带走体温，所以才会活动身体让体温上升。可是，从前我就对这一说法心感怀疑。原因如下：

① 并不是每次都会这样，有时会发抖，有时不会。如果是生理性质的反应，那应该每次都会出现，而且大便后也会出现。

② 虽说是把积存在膀胱里的尿液排出体外，但很难认同这样会降低体温的说法。

③ 似乎也有观点认为，猫小便后的跑圈圈是为了提高体温，但找不到任何根据。

因此，来讲一讲“猫医生学说”吧。感觉在人类中，小便后的发抖为男性特有的反应。尽管没有做过统计，但应该是的吧。男性有，女性却没有的器官是前列腺。前列腺附属于男性尿道，冬天寒冷时，器官周边的体温应该都很低，但小便是温热的，所以前列腺会感觉到温度上的差异。而这刺激到了某种感受器，引起了颤抖。这个假说如何？

回到本问题的便后冲刺。排泄后的兴奋跑圈与猫的性别无关，也不分大小便。猫有掩藏排泄物的习性，也有观点说它们是因为讨厌那个气味才跑得远远的。从我个人的经验来看，感觉成猫的奔跑比幼猫更剧烈，这种想法可能也算不上错误。但如果和人类小便后的发抖一样，属于生理性反应的话，“被臭味熏跑”就解释不通了。毕竟厕所里即使有其他猫的粪便，也没见有猫在闻到臭味后跑出去。话说，排泄后奔跑的感觉，和半夜突然跑步的兴奋状态是不是很像呢？

回想起来，在我家的历代猫咪中，李子、灰鸡、法尔戈都没有满屋子蹿和便后冲刺的行为。李子是雌性，其余的都是雄性，所以好像和性别没

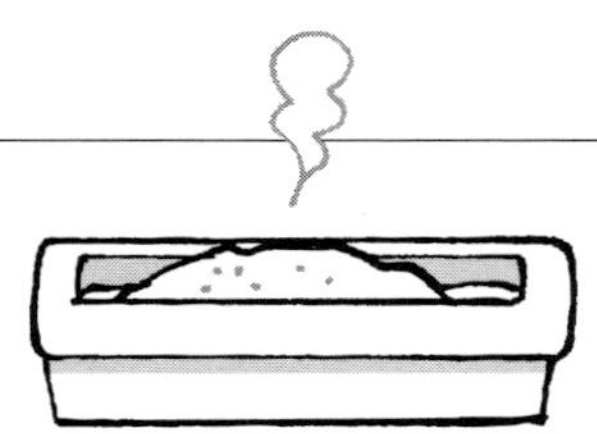

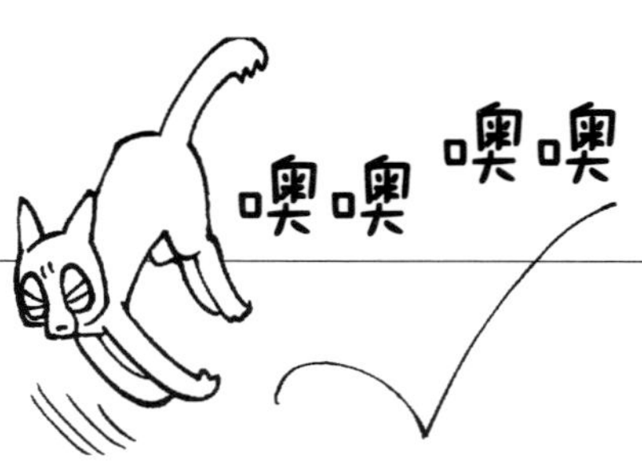

有关系。这三只猫的共同点在于，都是成年后被收养的，不知道它们的准确年龄。不过，也许是因为被收养前都身经百战，它们的性格都沉稳冷静，对其他的猫也很友好，甚至能从它们身上感受到一种威严感。即使其他的猫在跑圈圈，它们也不加入其中，喂药乃至抽血的时候都很安静。野猫时期的灰鸡即使在瘦的时候体重也超过了六千克，以至于大家都知道我家附近有只大大的猫大王。细致地布置陷阱也抓不到它，我花了七年时间才抓到，还是趁着它伤痕累累、动作迟缓的时候把它强行逼进了屋子里。法尔戈全身都有疥癣，它在道路中央不能动弹时，我在它面前放了个外出笼，于是它主动爬了进去。李子是附近学生养的猫，原本学生搬到了三千米以外的地方，它却跑回了以前的房子里，后来便成了我家的猫。它们都成了我家的一份子，并受到了其他猫咪的尊敬。所以具有领导性格的猫，身上可能没有会突然冲刺的开关。不，也许它们曾经有过，但残酷的野外生活磨炼了精神，使得它们能够自己控制住多余的举动。如此说来，就如同经历了严酷修行的高僧，遇事都毫不动摇，始终能保持一颗平常心。这么说来，猫半夜里上蹿下跳、便后兴奋地跑圈圈，或许可以解释为烦恼引起的手足无措？

很抱歉我给出了这样牵强的结论，它还缺少数据以作为兽医学上的依据，即便能直接问猫，它们也很难解释清楚。不过，并不是所有的猫都会便后冲刺，它们可能也有迷茫，会做出跑圈圈的举动，这也许是“不知人间苦痛、过着平凡幸福生活”的证据吧，或许是一种值得羡慕的生活。然而在人类社会中，如果不经风雨地长大成人，就只是单纯的温室花朵，正因为没有吃过苦，心里才充满忐忑。我不是说“孩子要严加管教”，但当今社会很少有吃苦的机会，相比从前，现在如不自己主动找苦吃，就无法独立、成熟，或许我们已经进入了这样的时代。

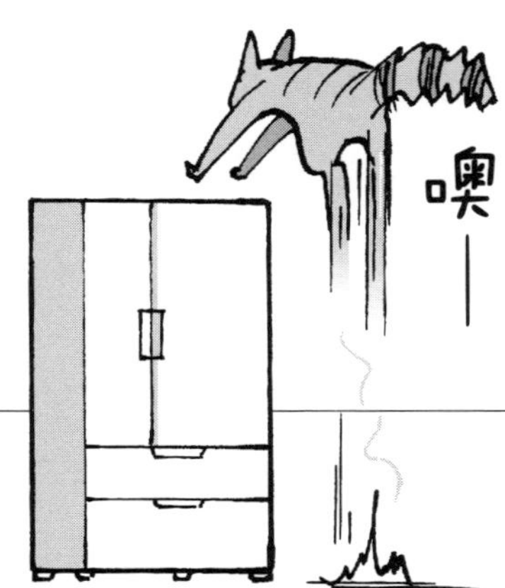

聊饮食！

日常生活不可欠缺的活力之源，就是食物。

它由一同生活的主人全权负责。

若希望猫咪一直身体健康，

就一起来详细了解关键的“饮食”吧！

听说给猫喝市面上的普通牛奶，肚子会出问题，这是真的吗？猫专用的牛奶有什么不同呢？

从日本平安时代开始，给猫喝牛奶的想法就从未变过啊。

据说猫没有分解乳糖的酶。而市面上的普通牛奶都含有乳糖，所以猫无法消化。

一喝牛奶肚子就会咕噜作响的日本人，属于无法分解酪蛋白的体质，原因不同于猫。

一般的猫用牛奶都不含乳糖。

吃完食物后，我家猫会马上吐出来。就算调整了分量，它还是会吐，感觉是胃不太好。应该怎么注意呢？

猫不会自己控制食量！

呕吐的原因应该让熟悉的兽医来诊断。猫呕吐的原因通常分为消化器官方面的问题，以及中枢神经方面的问题。虽说是饭后呕吐，却不能一口咬定是肠胃不好，也必须考虑到环境问题。因为有的猫甚至会因为室温的剧烈变化而呕吐。

猫是实实在在的生命，而不是文字里的存在。如果不对猫做诊察，我也无法断言所患的疾病。所以请带它去让熟悉的兽医检查吧！

有没有什么食物，是猫很喜欢，但我们不知道其实不能给猫吃的呢?

代表性的食物就是鲣鱼片!

给猫吃的食物必须是新鲜的，换言之，氧化后的食物对猫有毒。干货等食物包含盐分，千万别给猫吃。尽管不是猫喜欢的东西，但不能给猫吃或喝的还有巧克力、茶、咖啡、酒等人类的食物。猫的肝脏功能与人类的不同，无法分解特定的化学物质。

不过，这个提问中最主要的问题是“猫喜欢的食物”这一成见吧。想给猫投喂“猫喜欢的食物”，这一愿望对猫来说是最沉重的负担。因为猫吃得香而心感满足，这不过是主人自己的优越感，从中丝毫体会不到对猫的爱意。至少也应该了解过最起码的猫咪营养知识后，再来选择食物吧。

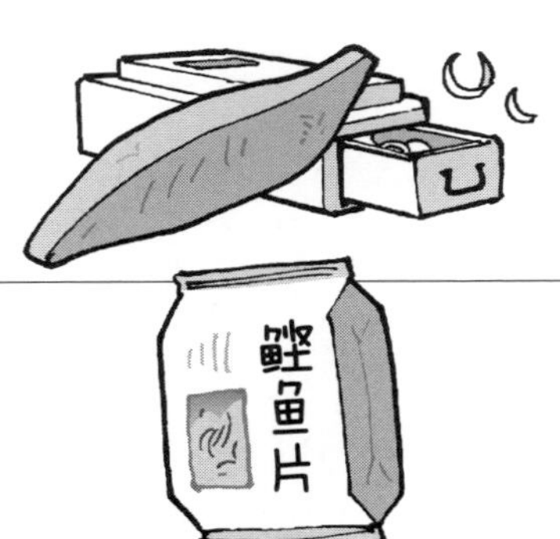

我有只即将满 1 岁的小猫，现在是一天喂食三次，长为成猫后，应该减少为一天两次吗?

猫的食物一天给一次也没问题!

猫只有一个胃。动物多种多样，牛有四个胃，而金鱼没有胃。这些动物的空腹时间（胃变成空空如也的状态需要的时间）各不相同。通常，猫每天必须用 8 小时来清空胃，否则无法维持健康。如果多次喂食，猫会无法正常调节身体的 pH 值（酸碱度），而且排泄时间也会出现紊乱。一天喂食三次的话，考虑到消化时长，猫无法保证有 8 小时来清空胃。因此，每天最多喂食两次，并且给零食也是不行的。另外，常有人向我咨询关于喂干粮时，猫一吃下去就会马上吐出来的情况。这似乎多出现在胃出口狭窄（病名为幽门狭窄）的猫身上，但大多数都不算异常症状。更换食物种类，稍微加热干粮，多费点心思会更好。

我家猫不会一次吃完全部食物，而是一点点地吃，所以我一直把食物摆在外面，这样不要紧吧？

大致有两个问题！

一个是食物氧化的问题。猫粮的最大敌人就是氧气。身体没有氧气就无法生存，但氧气也会不断地腐蚀身体。同样的，当食物暴露在氧气中时，也会不断变质。一般零食袋子里都有标注着“Ageless（永恒的）”的小袋子，但那不是为了去除水分，里面装的是吸附氧气的成分。所以保存猫粮时，也得尽量避免让它接触空气。

另一个问题是猫的身体。都说进食次数越少，也就老得越慢。猫会养成一点点进食的习惯，纯粹是因为主人的管理不到位。我这么说，恐怕会受到您的“因为……所以……”反驳，即“因为猫只会一点点地吃嘛”，但请老实地反省自己是否不够努力做个好主人。

猫的零食五花八门，品种太多了，都不知道买什么才好。有推荐的零食吗？

猫不需要任何零食。

我老是这么说，估计都没有杂志过来采访了，可没办法，这就是事实。过去，在动物杂耍等表演中，只要演出顺利，最后都会给动物奖励食物。可是，看过俄罗斯的猫咪马戏团表演后您就会发现，猫其实不会上食物的钩。若是当红的学者，也许会说“喂食这种 Incentive（刺激），是无法与猫咪构建起亲密 Relation（关系）的”吧。换作是我，便会用管饭男的故事来说服人们。

在从前的泡沫经济时代，人们把只请女性吃饭的男友称为管饭男。以男性的角度来看，带女性去高级餐厅或许很有优越感，可如果问女性：“那样的男性只是满足了您的胃，无法深入发展关系吧？”她们都会深以为然地点头。同样的，频繁给猫喂食的人类，对猫来说，也只是满足胃的存在。女性应该明白这句话的意思……

我家的猫饭量小，海苔倒是吃得挺香，会缠着我要，所以总忍不住喂它。对此网上分为赞成和反对两派。我不懂这样到底好不好，最好是不要喂海苔吗?

为什么想给猫喂多余的食物呢?

既然这么想喂食，就别养猫了，不如从养金鱼开始吧。因为金鱼没有胃，喂食的时间随便一点也没问题。海苔的成分问题顶多在于镁含量高，不至于引起两派争论。比起这个，从猫的饮食习惯来看，给猫喂非必需的食物才是问题。不少猫是因为海苔脆脆的口感有趣，觉得好玩才吃的。但是，一个劲地给猫喂食很有意思吗？养猫不是为了给猫喂食，要给猫喂吃的，在固定的时间给固定的食物就行了。除此之外，还希望您分出时间，与猫搞好关系。就养宠物的经验来说，从养金鱼开始就是个相当合适的选择。投食过量的话，会影响到鱼缸里的水质，所以可以边观察边学习。从生命的价值来看，猫和金鱼没有区别，但从死别时的悲伤程度来看，金鱼更适合新手和小孩。可惜的是，因为金鱼摸不到，人可能无法从中获得满足感，但作为与生物共同生活的开端，我认为养金鱼是最佳的选择。养过金鱼后再养猫，应该就会自己解决这类问题了。

Q 54

医院的医生根据猫的状态开了食物，但我母亲给猫喂的却是市面上的猫粮，并说："猫更常吃这些。"一想到猫的身体，我就特别担心。有什么能说服母亲的好方法呢？

我的终生任务就是找出这种方法。

连爱因斯坦都说无法改变人类的想法。请问令堂贵庚？人上了年纪之后，脑子也会变顽固，无法创新，所以先得从这里着手。年轻人的话，花时间向其解释、劝说后，还是能够理解的。

兽医为猫挑选食物时，以 Evidence（根据）为优先，因此并不会全盘接受食物制造商的说明。希望您能明白，兽医是深思熟虑后才列出了处方。所以，必须从根本上理解为什么非这种食物不可，但就算解释得通俗易懂，令堂恐怕都不愿花一点儿力气去理解吧。那要怎么办呢？首先买一件令堂讨厌的颜色的衣服，并说服她穿上。做到之后，再来联系我。我会给出下一步指示的。

我是之前的提问者。我给母亲送了她讨厌的颜色的衣服，她起初很生气，可我还是把衣服放在了她旁边。坚持了 10 天左右，她似乎死心了，终于穿上了那件衣服，并且看起来竟意外地不错，还说："以后我要穿着它出门。"

大进步啊！

说到这种方法，其实我自己在买衣服的时候，也尽量选择自己不喜欢的颜色。这样说可能夸张了些，但我感觉这样做自己仿佛改变了看待事物的视角。感谢您帮忙完成了如此麻烦的事情，以协助改变令堂的视角。不过，这么点儿事情就要花十来天，那要达成原本的目的，还得再多花一点儿时间。接下来，就努力让母亲从不同的角度去看待猫。① 猫吃得香心情好，这是主人自认为的，而不是猫的感受。② 美味的蛋糕、零食谁都爱吃，那有益健康的麦饭就不吃了吗？按令堂的想法，自己也全吃零食就好了。但实际上没人这样做（指只吃零食），不如想想其中的原因。③ 有人大概会回答"因为对身体不好"。那么，为何不怀疑猫喜欢吃的东西对身体也不好呢？

很可惜，猫不可能为了自己的身体健康而选择食物。人类也是在受过教育后，才去注意饮食的，如果什么都不懂，恐怕会净吃自己喜欢的而搞垮了身体吧。突破口应该已经打开了，试着去说服母亲吧。

对猫而言，最有效的减肥方法是什么呢？玩具它也只是躺着玩，根本不运动。平常也成天睡觉，请告诉我有什么好办法吧。

猫就算运动了也不会瘦下来的！

猫不像狗和人类一样擅长有氧运动，如果想通过运动来燃烧脂肪，在那之前它们就会断气儿。猫肥胖的原因只有一个：吃多了！营养成分之中，碳水化合物尤其成问题。不同的猫，碳水化合物的消化率差距也很大，所以就算吃同等分量的相同猫粮，猫体重的增加也会出现差别。最近有些猫粮不仅降低了热量，还仔细地调整了营养的平衡，让猫不易发胖。这种窍门很像我自己正在实践的减肥方式。比如昨天吃了很多肉，今天就吃碳水化合物。也就是说，均衡地摄取蛋白质、碳水化合物和脂肪。靠一天或一顿饭是不可能改善营养不均的，所以得多花些时日，调整好平衡。多亏这样，我能穿下20 年前的西装了。大家可能认为远离脂肪、控制碳水化合物就能减肥，但这样只是针对眼下，还得放远目光，保持整体平衡才是最关键的。不过，饭量自然得控制好。

以前一直吃的猫粮，猫突然就不吃了。端出别的猫粮时，它又吃得狼吞虎咽的，好像身体没什么问题。总是吃一样的猫粮，猫也会腻烦吗?

即使装在同一种袋子里卖，猫粮的成分有时也会不同。

普通的猫粮即使更换了原料等，也不会通知消费者，就这样继续销售。当然口味变更时也没有通知，所以会有猫突然不吃同种食物的情况。此外，哪怕装在同样的袋子里，猫的喜好度似乎也会因为保存状态而改变。购买猫粮时，还得选择值得信赖的厂商和店铺。

除了以上原因，也有的猫是当真吃腻了。尽管不清楚原因，但猫也常常突然之间就不吃以前的食物了。不过，在此类情况中，大多还是因为猫粮给多了！每次我问“食物的分量是不是太多了？”时，人们就会回答“没给那么多！”但必须注意，“那么多”是指多少？并未说明具体的分量。虽不至于精确到克，但起码得养成用量杯量过分量后，再倒入猫饭盆的习惯吧！

来来猫提问！3

都芽和胡铁曾经都是骨瘦如柴的流浪猫，食欲不好，有时还会剩饭。相比之下，靠人工哺乳长大的胡笨、丸胡、胡雪这三只猫简直是贪吃鬼。这是怎么回事呢？单纯只是像主人？

人工哺乳可不会让性情变得像养父母哦。

胡铁明明有正式的名字，我们却给它取了个昵称叫高速君。它是本宠物医院有史以来头一只从高速公路上捡回来的猫，所以对它印象特别深。能在高速公路的车流中发现一只小猫本就是奇迹了，您还能在下一个高速公路出口下车把它捡了回来，这更叫人咂舌。而且，那种地方为什么会有小猫，也令人十分纳闷。或许它原本躲在车子下面，行驶途中掉在了高速公路上；或许有人故意把它放在了高速公路附近；又或许，是自己爬上来的……尽管外科治疗很快治好了高速君两条大腿的骨折，可问题在于其他软组织的损伤，特别是在受到了强烈冲击的情况下，大脑的某处可能隐藏着损伤。不过，

它还是顺利康复，成了一只出色的猫。这也许是因为它对生存的欲望，但是，欲望不一定就等于食欲。

食物可以用热量来衡量所需量，但实际上食物的热量并不等于单只猫的消化道所吸收的能量。尤其是猫个体间消化碳水化合物的能力差异很大。所以相同体重的猫，哪怕吃同等分量的同种食物，也存在着发胖的猫和不发胖的猫。而且，猫的基础代谢（即使什么也不做，身体也会一直消耗的能量）情况也不一样，因此有肚子容易饿到极点的猫和没有食欲的猫，但容易饿肚子与食欲旺盛不是一回事。因此，身体代谢的好坏不会直接反映到进食的行为上。

甲状腺、肾上腺的功能问题也会造成食欲异常，这是因为内分泌激素左右了猫的食欲。不过，就算是吃同样的猫粮与分量，有的猫狼吞虎咽，就像美食记者一样吃得很香，看上去胃口极好，而吃得优雅而缓慢的猫看起来似乎没什么胃口，因此很难判断猫有没有食欲。

人们以前就常说，狗的脸会越来越像主人的，并试图予以科学的解释。虽然没听说猫的脸会越来越像主人，但有听说过举止会变得相似。就像我也被说过好些次，和猫一起睡觉时，姿势都是一样的。读者们应该也有过这样的经历吧？虽然不会长得像猫，但行为举止说不定会越来越像！

另外，听到公司新人第一次接电话时，会产生违和感，怀疑“咦，难道是新人？”可过了一阵子，他的语气便会被公司的氛围所浸染。尤其是长时间在一起交流，说的话也会被同化。方言似乎也会传染，我所说的方言听着像三河话与名古屋话的混合版，结果传染给了札幌出身的妻子，我有时也会不自觉地说出妻子所用的北海道方言。听说黄莺等鸟儿的叫声也有“方言”。若在鸟儿还小时，给它们多次播放标准叫声的录音，等它们学会后就能矫正过来。但是猫不会通过发声的方式来表达目的，就算有人教，这种方式也不会改变。猫八成没有“方言”，如果谁家的猫有口音，请务必告诉我。

猫能通过眼睛记住各种事情。当把重要的东西收在抽屉里时，有的猫在看到人开抽屉的过程后，也能顺利地开抽屉了，而且是准确打开了人开过的那层抽屉。尽管也有打不开的猫，但它们只是没找到方法，应该还是会尝试模仿的。既有耐心好的聪明猫，也有没耐心的笨拙猫，这种区别会造成捣蛋程度的差异，但归根结底，都是因为猫一直关注着主人的行动。另外，猫也会经常模仿其他猫的行为。例如，当人仰天躺在地毯上时，有的猫习惯过来看情况，然后不知不觉间，别的猫也做起了同样的事。我还听说过，当此前习惯躺在膝盖上的猫去世后，别的猫就会自己爬上来，明明之前唤也唤不过来。会做出这般行动，也是因为这只猫生性笨拙，都不懂得模仿，只能在心里羡慕，而这下子总算轮到自己了。动物能否在镜子里认出自己，我们称之为“镜像认知”，似乎可以从中看出智力的高低。但用我家的猫试验后，发现既有会对着镜子理毛的猫，也有被吓得逃跑的猫，所以我有点怀疑能否把这作为一种指标。但唯一可以确定的是，猫的视觉学习能力很高。

因此我们可能无法否定，在看到饭量大的主人吃饭后，猫的饭量也会变大吧，来来猫。

聊疾病！

当猫出现什么症状时，

首先得去找熟悉的兽医检查。

哪些情况主人通过了解，

也能做到早期注意和预防。

来问问猫医生关于“疾病”的问题吧！

猫下颌的黑色小疙瘩是什么呢？有预防方法吗？

那是一种痘痘。

有个专门的名称叫猫粉刺。

预防的方式通常为找出适合猫身体的饮食。不能只关注碳水化合物和脂肪的量，必须注重“质”。事实上，痘痘的治疗方法相当麻烦，本宠物医院用的是特意找粉刺专家池野宏医生（池野皮肤科门诊）开出的猫咪专用药。据医生说，痘痘是因为自由基（活性氧）在作祟，所以要优先消灭它们。

关于猫粪便的颜色、形状、气味……为了维持猫的健康状态，最好要留心哪些地方呢?

猫容易便秘，请注意粪便的大小变化。

最大的问题出自猫粮，它们被制作得以便让粪便呈现出良好的颜色。由于生产猫粮时考虑到了粪便的气味与颜色，所以若想从粪便来判断猫的身体状况，就必须发现其中的微妙变化。

要在这里做完整的说明不是件易事，但猫的消化器官问题中，比起腹泻，最常出现的症状是便秘。如果粪便变小，可就得注意了。用铲子铲屎后，别急着扔掉，偶尔也要剥开检查里面的状态。

猫必须打疫苗才行吗？以前，我家猫接种完疫苗后，身体变糟了，有两三天都没吃过东西，感觉怪可怜的。猫完全养在室内，为了不带入传染病菌，我每天也都注意洗手和换衣服等。

疫苗会附带发热。

从前我们宠物医院用美国生产的疫苗时，出现过很多发热的案例，面对我们的咨询，对方说："像这种理所当然的情况，日本兽医都不会说服宠物主人吗？"遗憾的是，在日本确实会听到与您提的一样的情况，即"因为猫无精打采的，下次不想给它接种疫苗了"。实际上，疫苗是把病原体注入体内，出现轻微的症状也无可厚非。

但人们就是无法理解，当猫真正患病时事情可就没这么简单了。兽医因为有实际病症的治疗经验，故而最明白疫苗的重要性。再怎么避免带入传染病菌，也不可能尽善尽美，何况肉眼看不到病原体，不如去接种疫苗吧！

给神经质的猫采尿样太难了。有什么好办法吗？

小便的检查非常重要，一定要完成啊。

因为抽血会伤害到猫，所以检查内脏损伤时，尿检是很有必要的，虽然有很多兽医不懂这一点。

在自家采尿样相当麻烦，说到方法的话，可以试试排水性好的沙子。小便会在沙子上变成水滴积攒起来，所以能用滴管来采集。另外一种就是在猫砂下面铺泄水板，这是采集堆积尿液的传统方法。以前还有动物医院专用的住院小屋，可用于蓄尿、采尿样，但最近都看不到了。如果实在没办法采尿样，在医院里用导尿管采集会更好。

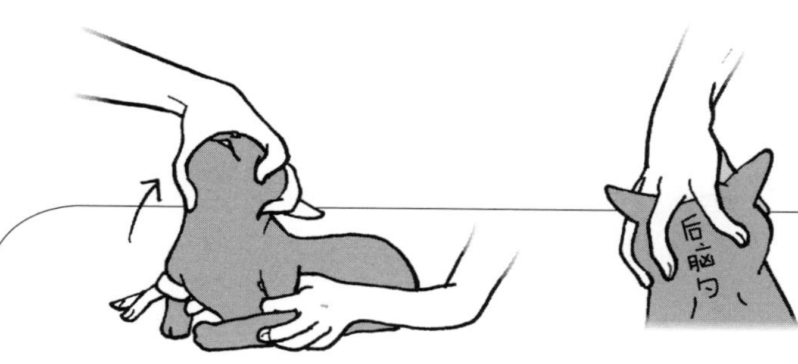

给猫喂药（药片）非常辛苦。有没有什么撬开猫嘴巴的方法或诀窍呢?

向您推荐号称本院第一号的喂药法。

给猫喂药时的大前提：

①绝对不要说话。

②不要有类似于“喂不好该怎么办”的消极想法。要横下心来，必须喂进去。

③紧张感也会传染给猫，总之尝试喂药时放轻松。

那么，进入正题。把猫放在桌子上面，注意自己的身体不要前屈。如果有人帮忙按猫，令其从后面按住前腿根部。实际上，这项任务不是辅助而是关键。做得好不好，将影响到喂药的难易度。另外，还需像棒球的“四缝线握球法”一样，从后面握住猫的脑袋。请看图理解吧。就这样把猫的脑袋往后抬，保持花样滑冰的姿势。如此，猫必定会微微张开嘴巴，然后略微打开下颌，让药片慢慢进入喉咙中心，猫就不知不觉地吞下了药片。

猫狗也会有花粉症吗？我家猫最近会咳咳、噗噗地打喷嚏，除此之外都很健康。

春季时期，猫狗出现过敏症状的现象也在增加。

虽然我很好奇，将其称之为花粉症是否合适。人类也会患花粉症，而且一到春天花粉症的发病率就会增加的原因尚未明确。假如问题出在杉树的花粉上，那么从流行病学来说，作为杉树产地的山沟里，应该有不少花粉症的患者，可现实中，都市患者要多于山里面的，所以这就有矛盾了。下面说的话也许有些难懂。肥大细胞能够脱颗粒，释放出组胺，加剧症状。最近药店也在出售阻止这种“导火索”的药物，即 H1 受体拮抗剂（组胺受体拮抗药）。然而它对猫狗没什么效果。可是调查一下就会发现猫身上也有组胺 H1 受体，这说明只要想办法，也许能找到治疗方法。既然说这一块属于专业领域，那么我也得努力探索了……这次的内容是不是有点儿难懂?

我养了只今年满 18 岁的公猫，迄今没得过什么大病，身体健康。如果换算成人类的年龄，恐怕岁数已经很大了，家猫的平均寿命大概是多少年呢？

根据最近日本国内的统计，家猫的平均寿命为 14 岁。

不过这项统计去掉了新生儿死亡的和在外面死于交通事故的个体。从生物学上来说，若是处于良好的管理状态，猫的平均寿命最长在 15 年左右。猫的 15 岁相当于人类的 80 岁，和长寿国日本国民平均寿命差不多。

但是听别人说，会发现长寿的猫好像挺多的？这是因为人们很少提及短命的猫，只会流传“听说那只猫都活了 20 年了”的传闻。实际上，宠物医院里一直都有年轻的猫死于各种疾病。我实在不知道要如何安慰这些猫的主人。但如果猫活了 15 年以上，那就是一件值得高兴的事情，不必为之难过。最后希望您能开心地为长寿猫送终，感恩过去的共同生活。

猫狗会不会感染登革热呢？因为这种病是以蚊子为媒介，所以我很担心公园和附近的猫狗们。

印度的报纸上出现过狗也能感染这种病的新闻。

因此，我向国立传染病研究所[一]进行了确认，并了解到万一猫狗感染了登革热，病毒也不会在体内大量增殖，所以只会是隐性感染（不会出现症状），也没有传染给人类的风险。

当媒体报道前所未闻的疾病时，您会不会很容易担心过度？病毒等引发的传染病也会受到环境的影响，生物过于密集是最主要的发病原因。譬如，某地区的猫数量激增，那么也会有更多猫死于细小病毒（*Parvovirus*）传染病的蔓延。所以，特定区域的猫不会无止境地增加。换成其他的传染病也一样，当一户人家养猫的数量过多，患病的数量也会上升。维持适当的饲养数量（一个家庭最多五只），也是防控猫患病的关键。哪怕完全饲养在室内，也得每年接种一次疫苗。

[一] 日本专门致力于传染病研究和开发抗生素及疫苗的研究机构。

自从陪猫玩耍的时间变少之后，就发现猫尾巴上的毛变少了。我想改善这种状况，压力性脱毛很难治疗吗?

没有发红的脱毛（非炎症性脱毛）极难治疗。

脱毛不会危及性命，最好别刻意治疗——某本书上这样写过吧！没有做过实际诊察，我也无法准确回答，但没有发红的脱毛（非炎症性脱毛）极难治疗。假如是过度理毛导致的脱毛（舔舐性脱毛），可以通过稳定精神来改善。可假如下半身的毛全都变少了，就必须使用特定的激素剂。但这就是开头所说的刻意治疗，副作用更大，因此不怎么推荐。

最近，在网络上搜集疾病信息似乎成了件很自然的事情，可单靠网络、电话是无法确切了解疾病的。正所谓百闻不如一见……如果没有兽医的直接检查，就没办法弄清楚，所以不要简单认为那是精神性的问题，还是带猫去离家最近的宠物医院诊察吧！

猫需要刷牙吗？另外，有没有什么窍门能让猫刷牙时老实点儿呢？

首先，猫不会长蛀牙。

没听说过喜欢刷牙的猫。以前的方法是使用液体牙膏，让猫口腔内部环境 pH 值变为酸性，以溶解黑垢。但是，哪怕猫的牙釉质比人类的厚，酸也会对牙齿产生不好的影响，所以这种方法也就不再用了。也有人试图用指套牙刷给猫刷牙，结果被咬伤了。我觉得没必要强行给猫刷牙。相对的，可以通过食物的选择来预防牙结石。口腔中只要不含黏蛋白和钙，应该就不会形成结石，但这些又是不可或缺的。所以，只能从其他方面解决问题，于是有了避免让食物附着在牙齿上的猫粮。

大多数猫没有蛀牙，但会出现牙齿“融化”的现象，称为破牙细胞重吸收性病变。这种破牙细胞原本在乳牙掉落时活动，而它的异常活动会造成牙齿永久性缺失的症状。遗憾的是，目前并不清楚该病的应对方法，一旦发生，该位置就容易出现牙结石，还会发展成齿槽脓漏。就像人类以 80 岁时有 20 颗牙齿为健康目标一样，治疗时尽量不拔掉牙齿自然是再好不过的了，但如果猫有口臭的话，还是找兽医商量一下吧。

我家猫讨厌上医院，以至于坐车都会害怕。感觉强行带它过去，会给它造成精神压力。在那些来贵院的猫里面，有类似情况的吗？另外，要如何才能帮它克服恐惧呢？

没有喜欢出门的猫。

猫的理想是“今日同昨日，明日同今日”，所以极度讨厌异于日常的情况。发生变化就不行，这样其实很麻烦。甚至还有这样的情况：平日里带猫去上班，周末本想在家好好休息，结果猫没有食欲，只能带它去公司里喂食。因此，让进入外出笼成为日常后，上医院应该就不成问题了吧？但出门始终是件麻烦事。话虽如此，也决不可认为上医院会给猫造成精神压力。有的主人以“去医院太可怜”为由，而避免带猫去医院，但这绝对是借口！如果自己的孩子生了病，不管他如何哭闹，肯定都会带去医院的吧！难道不是因为心里嫌猫麻烦，侥幸认为过一阵子可能就自己痊愈了，所以才懒得出门的吗？再迟来一步可能就晚了，这点儿状况兽医能立马分辨出来的。疼痛的注射一下子便能结束，还是让猫忍着点儿，带它上医院吧。

阿蒙进入 FIP 缓解期后，为何还能活上 6 年呢?

先说一句。

FIP（猫传染性腹膜炎，Feline Infectious Peritonitis）是由病毒引起的传染性疾病，因此，用“缓解期”不太准确，检查出病毒却没有明显症状的状态，我们称之为“隐性感染”。我本打算解释得浅显易懂些，但疾病相关的回答还是希望大家能够准确理解，望谅解。

FIP 这一疾病的难解之处在于，该病毒的特性尚未明确，所以错误的知识传播开来。最近的观点认为，猫的冠状病毒在体内突然变异，病毒表面出现了其他蛋白质，因而具备了侵入体内的能力，出现了腹部积水的典型症状。但即使感染

了猫的冠状病毒，也不一定会发展成 FIP，所以关于冠状病毒的血液检查结果评价，也会因为兽医不同而出现分歧。冠状病毒携带者发生 FIP 的概率为 3% 到百分之十几。把这一数值往高处看，还是往低处看，人们的认知也将截然不同。就像“才几个百分点而已，没什么大不了的”与“有一成会发病，问题很严重”之间的区别。遗憾的是，FIP 一旦发作便无药可救。治疗方法中不存在特效药，只有极端的预防方法才有效，即严禁携带冠状病毒的猫进行繁殖。现已清楚，这种病毒的一类病毒似乎与狗有关系，所以最好不要同时饲养猫狗，除此以外别无他法。

可通过检查血液中的抗体和蛋白质来诊断 FIP。因为电泳法[一]可以分离出具特征性的样本，所以能与症状对照起来诊断。而最近，可通过 PCR（聚合酶链式反应，Polymerase Chain Reaction）基因检测技术来分析腹水，故而能准确地进行检查。

阿蒙生病那时候还没有基因检测法。现在已经无从检查了，但既然腹部积水已经痊愈，也无法否定可能是生了其他的疾病。在最近的报道中，也有这样的病例：腹部积水的成猫，在血液检查中发现了 FIP 的迹象，但在腹水检查中却被排除。这种情况下，纯种猫几乎都会被诊断为患有

㊀ 利用外电场以分离或测量物质来诊断疾病的方法。

FIP，而混血猫则可能不是生了 FIP。从某个角度来看，或许就是“纯种猫没有战胜 FIP 的能力，但混血猫就可以”。在本院，只有阿蒙等几只猫在被诊断为 FIP 后战胜了疾病。而在宠物医院外有超过一千只猫在发病后的几周内死亡，从这点来看它们就是“千分之三”，这样也许会被认为太夸张了。不过，哪怕只有短短六年，猫也健康地和主人度过了幸福时光，对兽医来说也是种幸福。正如本次所回答的问题，即使是问我为什么，但我也只能在现阶段的已知范围内作答。不过，还望大家理解：不管是什么病、什么猫，我们都是为了能延长猫与主人相伴的平稳时光而坚持奋斗。

虽然没有在日本引起什么讨论，可在中东，有种叫 MERS（中东呼吸综合征，Middle East Respiratory Syndrome）冠状病毒的与 FIP 相似的病毒曾在人类之间肆虐。和 FIP 一样，它也没有疫苗与治疗方法，似乎很像曾经出现的 SARS 病毒。我是在清楚不会传染给人类的情况下，为猫治疗传染病，但在世界的最前线，还有在与 MERS、埃博拉出血热等疾病战斗的医师们，每次看到新闻时，我都深感钦佩。而且这种级别的传染病的死亡率也不是 100%，还有生还的人。所以就算有猫战胜了 FIP，或许也不足为奇吧。

自从罗伯特·科赫（Robert Koch，德国细菌学家）发现造成传染病的不是恶魔而是病原体后，时间才过去了 100 多年而已。科学的进步已日新月异！尽管如此，人们不明白的东西仍然有很多，在妖魔鬼怪被彻底剥下外皮之前，大概还要花上点时间吧。

第5章 聊相处方式！

人与人，人与猫，猫与猫，

要想生活快乐，无论是与人的相处，

还是与猫的相处，都非常重要。

正在养猫的人以及今后准备养猫的人，

都一起来思考人与猫的“相处方式”吧！

Q69 让猫散步是不是更好呢?

最好别散步。

一边移动一边找东西是狗的习性。猫属于埋伏型，每天埋伏在同一个地方就是它们天生的习性。

如果实在想带猫去散步，从理论上来说，得每天在固定的时间去固定的地方。但您也要知道，外出时，身上染上跳蚤、沾到化学物质等风险也会明显升高。

应该买宠物保险吗？

不如每个月为猫存款？

保险算是金融话题，我不太擅长。不过从数学的角度来考虑，如果能从诊疗费预期值里划分出适当的保险费，应该就没问题。但遗憾的是，恐怕没有人调查过猫患病的诊疗费预期值，因此难以判断保险费的高低。

当然，这个提问是关于利益的得失，如果想平衡风险，不如以自己的名义开一个猫专用的银行账户，每个月存100~200元？可惜的是，不能以猫的名义开账户。

我老公特别讨厌猫，所以不让我养。有什么方法能说服他呢?

有不少人怕猫。

所以也有很多为野猫而烦恼的人前来咨询。每当看到围墙上摆着的水瓶时（注：日本有在围墙上摆水瓶的习惯，认为这样可以避猫），我就觉得难过，可这也实在没有办法。另外，也有人觉得猫的叫声堪比噪音。

不过，如果只是因为对猫心存偏见而从未与之深入接触的话，已经有很多家庭通过适当的方式将猫接入了家门。稍极端地说，不如把老公给换掉?（笑）因为离婚是合法的吧。但请不要遗弃猫哟。

日本有句谚语叫“给猫葛枣猕猴桃（木天蓼）（注：意思是立竿见影）”，猫喜欢葛枣猕猴桃已经成了常识，可实际上对猫有没有好处？为了缓解猫的精神压力，我偶尔会给它葛枣猕猴桃。那么，也有猫不适合葛枣猕猴桃吗？

有一半的猫对此不感兴趣。

水果猕猴桃属于猕猴桃科的植物，所以猫也会对枝条部分的气味产生反应。葛枣猕猴桃会引起猫特殊反应的原因在于荆芥内酯（Nepetalactone）这一物质，它大概也会引起昆虫的某种反应，但目前尚不明确在哺乳动物中，为何只有猫会产生反应。同时，也没有资料表明使用葛枣猕猴桃对猫有好处和可改善疾病。

不如说，有一半的猫没必要给它们葛枣猕猴桃，反正也只是几分钟的反应，再马上继续给，它们也不会理睬。所以“给猫葛枣猕猴桃”这句话，还是当作指“本来就不必要的东西”的俗语吧！

Q 73 出生在野外且性格相当胆小的成猫，始终都不会黏人吗？有什么让它黏人的窍门吗？

直截了当地说，让它黏人的窍门就是“傲娇”。

如果想和猫搞好关系，得一开始就忽视它，总之，日常都装作视而不见。当然，每天还是得勤快地喂食和打扫。虽然不知道要花上一周、一个月还是半年，但猫略微打开心扉的这一天肯定会到来。届时，就是您最大的机会。尽管用甜言蜜语、最灿烂的笑容，试着慢慢与之沟通吧。

那些无法让猫习惯与之相处的人的共同点在于没能找到对方打开心扉的瞬间，或者是太心急了，交流得过早。这大概与交流能力有关系，但厉害的人不管是什么猫都能轻松征服，如果是废柴主人，猫的胆子则会越来越小。不要心急，慢慢地试着挑战“傲娇”吧！

前些日子，猫趁人不注意溜出了家门，所幸抓了回来，但似乎外界非常刺激，猫特别兴奋。今后用纱窗阻隔，再让外界空气流入会不会更好呢?

猫会不知悔改地像之前那样跑出去，所以千万要注意！

即使装纱窗，外界的气味也会进入室内。所以，假如附近有没有绝育的雌猫的气味，室内饲养的猫也会兴奋起来。我听过一件事，是关于接触过山间小道的猫，小道上常有野兽出没。那里仿佛有野性的魔力一般，连猫的性格都发生了巨变。大约在 30 年前，我养过两只非洲野猫，据说是猫的祖先，那气味简直就是野性的气味，和家猫完全不同。野生动物一旦被驯化，那种气味就会消失不见，这是我的亲身经历。前面提到的那只猫，恐怕是被野兽出没的小道唤醒了本能，可我们并不清楚这在科学上的依据。尽管有的主人认为猫不能外出很不自由，但自由不一定就是幸福！开私家车的人多少都见过马路上被轧扁的猫吧。据推测，每年有超过 30 万只猫因为出门而被车辆轧死。话题可能有点跑偏了，但您要知道，猫对外界的空气、风景并没有兴趣。

在书上看到过，如果在房间里使用芳香精油，会给猫的肝脏造成负担。这是真的吗?

大概对肝脏没有影响……

不过，大约在 20 年前，我试过几种精油，结果有几只猫突然没有了食欲。即使人类觉得很好闻的气味，可能也会让猫感到不适。自那以后，我家就没有用过精油了。虽然不知道是以什么为依据说精油对肝脏有影响，但对猫的肝脏而言，有毒的东西可不少，哪怕是对人类无害的东西，猫可能也无法分解其中的化学物质。

对猫的肝脏来说，最大的敌人就是脂肪。假如给了太多富含碳水化合物的食物，猫很容易患上脂肪肝。比方说，如果轻易给 7 岁的猫喂高龄猫使用的高消化率食物，脂肪会迅速积存在肝脏里，造成负担，比芳香精油要可怕多了。这样的情况逐渐增加，大概是因为现状吧——有很多没有接受过营养指导的主人随意给猫挑选食物。

因为住在山附近，所以家里虫子很多。考虑到猫的健康，我们没有使用杀虫剂，有没有什么养猫家庭也能放心使用的杀虫剂呢?

杀虫成分基本全都有毒，但只要保证用量能杀死虫子而不会杀死猫，就可以放心使用。

这就是最终答案吧。不仅是杀虫剂，所有药物都有副作用。抗癌剂里含有细胞毒性高的成分，用量得保证能杀死癌细胞而不会杀死健康细胞，这样才能起到治疗效果。不过，杀虫剂的用量是以外用为限定条件，前提是药剂不会从口腔进入体内。人类自然不会把药剂吃到嘴里，但不凑巧的是，猫会仔细地舔舐身体，药剂附着在猫的身体上，通过这种方式进入它们的嘴里，因此用杀虫剂时需要特别注意。

或者，不如放过吸血昆虫、卫生害虫以外的虫子呢？也不用随便杀生吧。

我家的原住猫（2 岁，雄性）和新来的猫（1 岁，雄性）经常打架。原住猫在出生后不久就没有了母亲，由我抚育长大的，非常黏我。哪怕关系不够和睦，只要不打架就行了，有什么好方法吗?

猫的性情和它过去的经历关系不大。

可说到人工哺乳长大的猫，如果在社会化时期出现问题，与性情无关的其他方面可能会出问题。要把猫养育成年，这种教育只有猫才能胜任，否则可能引起社会适应障碍。日本的动物保护法禁止贩卖出生后未满 8 周的动物也是出于此类原因，可以的话，应该让幼猫和母亲一起生活到出生后 90 天。但本问题中的情况属于无可奈何，那么我就提示您一点应该去尝试的措施。以前有一种费洛蒙类型的药物，能让猫之间友好相处，但日本国内已停止出售了。猫不仅靠外表，更是靠气味（体味）来辨认彼此。所以，只要把它们的气味混合起来，关系应该就能好一点儿。比如，让它们在纱网隔开的左右房间里住上几星期，虽不能互相接触却能感受彼此气味，同时观察情况，在合适的时候让它们完全接触。在动物园等地，这方法被用于交配，窍门在于凑对的时机不能操之过急。

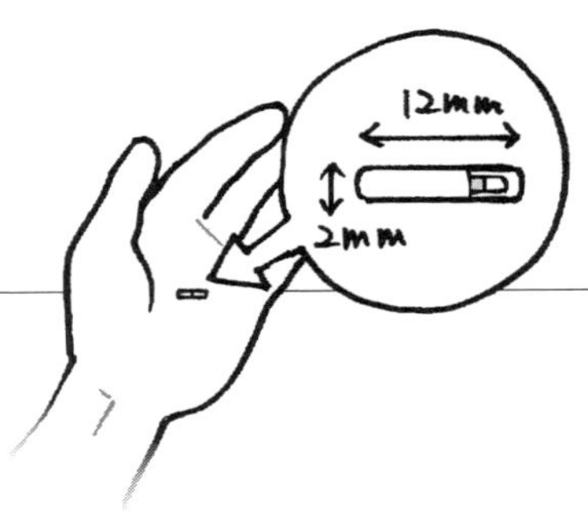

我想给猫安装微型芯片。对它的身体有害吗？另外请告诉我有什么优缺点。

说白了没有害！

说到安装的缺点，顶多就是针头有些粗，只要芯片管理系统稳如磐石，那么微型芯片全都是优点。安装微型芯片的注意事项如下：

①尽管有多家微型芯片的制造商，最好选择达到 ISO 标准的厂家生产的。

②登录数据库时需完成合理手续登记。

③出现搬家等变更住址的情况时，必须进行申报。

熟人家的猫完全不怕生。别说熟人了，连陌生人都会亲近。去医院打点滴（静脉输液）时，也会在医生身上蹭来蹭去地撒娇，该回家时甚至拒绝进入外出笼。您那边也有过这样的猫吗？

很久以前，有只叫巧比太的雄性胖橘猫来过我们医院。

它在候诊室里就会自己冲出笼子，门诊室的门刚一打开，它就迅速跳上了 75 厘米之高的诊察台。当然，这是为了接受我的诊察。而目瞪口呆的主人则在候诊室里等巧比太做检查。迄今为止，会主动跳上诊察台的猫只有它。不过，偶尔也有猫会主动接受治疗，像有的猫一到注射胰岛素的时间就会自己爬上主人的膝盖等待注射，有的猫到了吃药时间就会自己过来，这类事情我也时有听闻，能够相互理解的关系真的很理想。

我是喜欢猫的中学生。虽然很想养猫，父母却说："打扫猫毛可麻烦了。"我没养过，所以也不清楚，打扫猫毛很麻烦吗？

首先，既然已经是中学生了，那么房间的打扫都该自己来吧？

不如向父母保证，收到新年红包后自己会买一台高性能的吸尘器？其实打扫猫毛很简单，普通的吸尘器足矣。

那么进入正题。猫的掉毛现象可以通过日常的打理来应对，并且基本上用的是橡胶制成的梳子。其他国家通常用的是橡胶梳，可日本这边却避免使用。我以前从 CFA㊀的佐藤弥生那里听说过原因。他曾写过："给暹罗猫用橡胶梳的话，毛的颜色会发生改变，因此最好别用。"结果被误传成"猫最好别用橡胶梳"。不过如今是复制粘贴的时代，这类事情可能也不多了吧。

㊀ 国际爱猫协会："The Cat Fanciers' Association, Inc."的缩写，是一个在美国登记的非营利性团体。

Q 81

我最近在考虑结婚的事情。我养了一只猫（2岁，雄性），他也养了一只猫（5岁，雌性），都做完了绝育手术。我很担心两只猫能否友好相处，请告诉我有什么能让猫和睦相处的诀窍。

只要主人们关系好，猫咪们也会要好起来的。

这回答虽有点儿不负责任，但我认为就是终极答案了。

要让猫和睦相处，最优先的措施就是使它们的气味彼此混合。所以通常的做法是，把它们关进笼子等地方，在气味混合之前避免完全接触。不过，既然你们会相互出入对方的家，那必然会慢慢染上对方猫的气味，与男友的猫充分接触后再回家，自己的猫也会开始熟悉那种气味。同样的，也让男友多沾点儿自家猫的气味后再回去。带着孩子嫁人时可能会受到小姑子的考验，可现在不是要考验猫，而是您自己！祝你们永远幸福！

猫也会有自己是“长子”“老幺”的意识吗？我家里养了五只公猫。长子因为体型小，经常被其他四只抢饭吃，可它会一直忍着。老幺总喜欢喵喵叫和撒娇。这是因为它们觉得“长子不能撒娇”而“老幺可以撒娇”吗？

猫没有这种意识。

先进食的地位更高，狗会这样认为。它们会依照进食的顺序来列出排名。进食时，如果主人去碰装有食物的碗，有的狗会发出威胁般的低沉声音，这是因为主人完全搞错了排名，属于狗主人的失职！但猫不会出现这样的情况，只要食物分量充足，其余都取决于体格的强健程度和年龄的大小，但它们也不会相互争夺。因为猫性格的不同，可能会出现各种各样的情况，如果有新来的猫不知天高地厚，那么它就无法与其他猫相互妥协，进而遭到孤立。

也有不少人和本问题的情况一样，会用自己的成见去揣测猫的关系，但人就是会习惯性地用个人经验去衡量事物。不过，与猫生活的乐趣之一，就是会发生意想不到的事情。所以把解决问题当成是一种快乐吧。

上个月，15 岁的爱猫离世了。自那以后，在无人的家里，半夜似乎能听到“沙沙”的声响。我的猫喜欢袋子，以前经常玩，所以我总觉得它好像回到了家里。医生经历过这种情况吗？

经常有。

昨天我家的小桃（8 年前去世的猫）也出现在了椅子下面。也许别人会觉得我脑子不正常，可从前养过的猫一直留在脑海里，会这样也没什么不好吧？不过，您要明白这绝不是灵异现象。从物质上来看，猫已经死亡。然而它一直活在自己的心里，也没必要得到他人的理解吧？祖先在盂兰盆节（农历七月十五日）“回家”时，我们会用黄瓜做一匹小马。可猫骑不了马呢，所以不如准备一只圣诞老人放礼物的纸袋，如此，猫随时“回来”都能钻进去玩吧？从一开始，就让猫一直活在自己心中，这样的话，即使猫去世了也不会感到悲伤。平时我总是在说，如果一直为猫的死亡感到悲伤，那可怜的不是猫，而是自己。

请告诉我铃木医生您所认为的“猫的最佳摄影方法”。不管我怎么努力，都无法拍出猫的可爱。

摆脱“拍得好看”的欲望。

现在，大家都用手机上的相机拍各种东西，但目的不是拍摄，而是给别人看吧！为了炫耀而拍照，是不可能拍出好照片的。

我是以拍摄自家猫咪，自娱自乐为前提而进行说明。首先，拍照时不可或缺的是光线，即在有太阳光照入的房间里拍摄。每年为了准备在医院里分发的日历，我也会请专业摄影师给自家猫拍照片，过程中最纠结的就是照明！这是来自摄影师的忠告，他说：“在意聚焦的话，是拍不出好照片的！”在远处用偏长焦的镜头（长得像望远镜）拍摄猫的头部，能够意外地拍出满意的照片，不妨试试吧。

我养了两只 2 岁大的猫。因为马上就要搬家了，请告诉我有什么好办法能让猫适应新环境。

猫还年轻，所以能够适应新环境。

无论是人类还是猫，都是年轻的时候较少因环境的变化而产生精神压力。使猫顺利适应新环境的窍门就是，在新地方一开始尽量让猫在狭小的空间里进行适应。因为我偶尔听闻突然从小房子搬进大房子后，猫身体出现问题的情况。若要说最好的方法，那就是搬进新家前的两周内，让猫住在笼子里，里面也要准备好厕所。然后直接装在笼子里搬家，进入新家后，继续让它在笼子里住两周左右。这么长的时间，屋子应该都收拾好了，所以猫也能放心地进入房间。搬家前后都会乒乒乓乓地收拾，对猫会有影响，因此对猫来说这也是最好的方法，可人们却老是说“太窄了，猫好可怜”“猫会有精神压力的”。但如果有宽度大于 60 厘米的干净笼子，猫不会感到有精神压力，反而会高兴于有了自己的房间。如果做不到这种方法，就在搬家前把猫关在一个房间里，在新家里也在一个房间里关一阵子。千万得在整理过新家环境后，再扩大猫的活动范围。我还听说出现过猫未能搞清楚新家构造，结果跑出去后再也没回来的情况，所以要多留心。

我养了一只 2 岁的雄猫和一只 2 岁的雌猫。雄猫特别喜欢撒娇，雌猫却性格冷漠。它是在回避黏人的公猫吗？还是单纯地讨厌被人碰？我有点搞不清楚。我喜欢它能更黏人一点儿，要怎么办才好呢？

不管是人还是猫，都有不善表达而被误解的时候。

但实际上，一旦变成单独相处，这类性格的猫往往会黏人撒娇起来。也就是说，回避的可能性很大。一对一和一对多的时候，猫的态度可能会天差地别。我家的格力高便是如此，被前主人饲养时，总是缩在顶橱里，只有吃饭时才露个面；前主人突然逝世，我去他家收养猫咪们时，只有格力高很难捉，我费尽九牛二虎之力才把它抓到。然而，来我家后的几星期中，也许是独自待在笼子特别寂寞，它突然撒起了娇。从此，那个藏在高处的格力高消失无踪，对谁都黏糊糊的，受到了众人的宠爱。但我觉得以前的格力高也挺不错的。猫各不相同，性格迥异，相处前先吃透它们的性格也是一种乐趣，因为它们还能“告诉”您自己的不足之处。

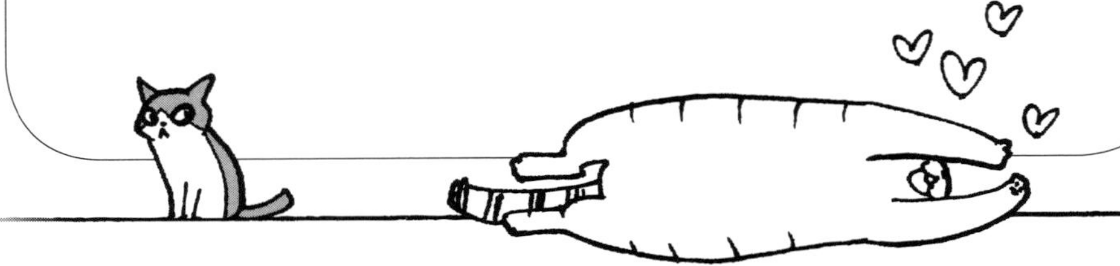

我很喜欢猫，以后想养一只，可我只养过乌龟，所以挺担心的。我这样能成为好主人吗？

无论是谁，都有成为好主人的潜力。

养活动物还是害死动物都取决于您。但如果是因被灌输的信息而决定养宠物，那么我坚决反对！一旦把养宠物当成赶潮流，那必定会伴随着“厌烦”，因为煽动消费就是“如何让消费者厌烦”。这一道理可不能用在养动物上！在养猫之前，最希望您了解的，是自己所能想象到的一切不顺之事。养在水槽里的动物无法完全与之接触，所以能想象到的理想状态就是它待在水槽里。而猫会与人发生直接接触，您不可能凡事都称心如意。而这正是养动物的最大趣味，可以从中明白不是任何事都能随心所愿。与 20 年前的同龄人相比，最近养宠物的年轻人已经减半，不养宠物的理由大多是“太麻烦了”。那么也能够预想到，将来养宠物的人会愈来愈少。正因为时代如此，才要尝试与猫一起生活，寻找出符合当今时代的价值观，并向大家介绍其中的美妙之处。

猫医生饲养的肯定都是猫吧，想必您已经经历了多次别离。这种时候，您会说点儿什么吗（或者不出声也会在心里说的那种）？我会说“还要再来啊”。

对自己养过的猫，最后定会心怀感激地为它送别。

但不仅是猫，我母亲离世时、父亲离世时都是如此。用文字有点儿难以说明，在我的家乡有种奇怪的语调，“ありがとう（谢谢）”说到“が”时会升调，这在全日本都难得一闻。而标准语里面这句话的“り”的声调最高。我家乡的这种发音就像说话不熟练的外国人说日语一样，你们模仿一下应该就能马上明白。我发现就算不说出口在心里默念，这种语调依然是老样子。或许因为最近多是在正式场合说“谢谢”，我本想试试标准语调，却深刻感受到，如果是真心想表示感谢，那么说出来的还是方言。

您说的“还要再来啊”指的应该是轮回吧，而我之所以坚持在宠物医院里教育人“别让猫出去！”也是因为相信轮回……或许有人搞不懂我在说什么，可每次在路上看到被轧死的猫时，我都无比难受。在东京的时候，我会把尸体捡起来送到调布市的深大寺里。回到名古屋后，我已经给名古屋市陵园送去了超过100具的猫尸体。如果我转生成猫，肯定不愿曝尸马路，所以趁自己还活着的时候尽力普及室内养猫的习惯。如今在全日本，每年估计有30~40万只猫曝尸马路。曾经一年中，光是名古屋市就有近1万只猫死去，连名字都不为人所知。所以在路边捡到猫尸骸时，我总会说一声“对不起”。从约30年前开设宠物医院时起，我就不厌其烦地说猫只能养在室内。或许时代发生了变化，实际上，看统计数据会发现室内养猫的百分比在上升，来我们医院的猫也很少有习惯外出的，可能是我自卖自夸吧，我相信自己还是多少做了点儿贡献。但遗憾的是，死在马路上的猫数量依然没有减少。那些被人们当成“街猫”而只生活在室外的猫，以及可怜的饿猫，使得人们在屋外面放起了猫粮，造成了猫的数量激增。尽管日本的环境省撤销了扑杀措施，但在路上被轧死的猫和被扑杀有什么区别?

我会注意平等对待自己所养的猫，但别人家的就无可奈何了。从研究生时期开始，我养了一只叫“咸鱼块”的猫。我妻子还记得，开始经营宠物医院时，我扬言：“它死了我就不开宠物医院了！”当咸鱼块去世时，她似乎很担心我会不会真的把宠物医院给关了。如今医院的服务台处还挂着咸鱼块的褪色照片。与自己共度艰难岁月的猫，关于它的记忆全都是美好的东西，化为了青春的回忆。但宠物医院的工作繁忙，甚至都没空儿让我一直记住那种悲伤，所以今天我仍在继续工作。

虽然我在工作中也一直这样说，不要把猫当作记录保留下来，而是要用心把它留在记忆里。满足于一个劲儿地给猫拍照上传社交网络，满足于收到血液检查等的数据，这些都是在收集记录，换言之，得到的只是物质上的满足感。即使这种主人说：“因为猫会治愈我。”我也会忍不住心生疑问——要想真正治愈心灵，精神上的满足才是必不可少的吧？我私底下几乎不会给自己的猫拍照。只有每年给宠物医院制作日历时，才会布景拍照。我会一开始画好分镜，然后和摄影师商量，这种情况也只是商业性质的照

片而已。私底下我不会用这些照片。为了把日常与猫共度的时间烙印在“心中的相纸”上，应该多享受现实中的交流才是。

我刚才的说法，也是指远离数码设备吧？猫和人类都是古老的生物，所以注定会迎来分别，然后留下大把时间。为了让与猫生活过的回忆在心中如赞歌般响起，只要自己还活着，都要努力不浪费当下的时光。

聊铲屎官！

生活、工作、恋爱、梦想……

迷茫时别独自钻牛角尖，来找猫医生商量吧。

认真对待任何烦恼！

猫医生来讲述“人生”！

医生您为什么要当“专门治猫”的兽医呢?

虽然这里写不完。

因为按照日本的生活习惯，我觉得猫最适合作为与人类一起生活的动物。而且也想让人们养成室内养猫的习惯。

兽医有义务为所有的家畜做诊察，恰好在我大学毕业那一年，兽医法总算把猫划定为家畜。虽然从前也有人出于猫捉老鼠的防疫观点而推荐过养猫，但那一瞬间，猫终于上升为受现代法律保护的存在。将近30年前的当时也存在室外养猫的问题，为了让人们养成只在家里养猫的习惯，我想开一家需要在玄关换鞋的日本风宠物医院，让大家把猫带过来。如此一来，即使下辈子转生成猫，也不用担心在外面被车碾了。这不是开玩笑，当时我真的这样想过。

Q 89

像“来来猫愚连队”㊀和来来猫老师暂时领养、寄存的猫咪里，给您印象很深、觉得有趣的角色是哪个呢?

什么！您说角色？

虽然很想说“在临床现场，怎么可能靠‘角色’来工作！”但是不是太幼稚了？我不清楚她在漫画里是如何描绘每只猫的，可我觉得现实工作要有趣得多。遇到的所有猫都有各自的形象，而且每天都在刷新。连谁是谁都分不清楚。所以此时此刻才是我印象最深的吧。

何况明天还会有各种猫过来。我觉得这种在漫画、电影里体味不到的“真实感”就是最有趣的！

㊀ 来来猫大和自家养的猫的总称。在日本有以来来猫大和的猫为话题的漫画作品，猫咪们有着各自的角色。

我是加入了田径部的高中生。很喜欢动物，所以很纠结将来是当兽医还是体育老师。请给我点建议吧！

羡慕您！

您的脚速一定很快吧。脚速慢是我的一个心结，所以很羡慕您。这个提问是在“喜欢”动物和“擅长”体育间纠结吗？我“擅长”理科，“喜欢”运动，可能正好和您相反。大概有很多学生想做自己喜欢的事，可工作是这么一回事吗？

如果认真地为将来做打算，就该选择擅长的事情作为工作。因为“喜欢”是一时的感情，无法保证 10 年后还喜欢。而擅长的事情体现的是本人的资质，不管是 10 年后还是 20 年后，应该依然擅长。在就业时期，如果说什么想做喜欢的事这类天真的话，可是会落后他人的。这是个人意见，我觉得尽快找出自己擅长的东西才是关键。

我喜欢的全是些像猫一样不黏人的男人，怎么办才好呢?

黏巴巴的男人很好吗?

像狗一样特别黏人又温柔的男人，有不少只是油嘴滑舌吧?

动物有两类：抓捕猎物的捕食类和被吃掉的猎物类。猫是捕食类的代表性猎手，不群居，它们相信自己，掌握了独自生存的本领。尽管狗也是捕食类，但因为需要捕食比自己大的猎物，所以需要合作捕猎，当猎物被捕获时，有一些成员只有巴结同伴才能分得食物。因此狗也会巴结主人，很多人都将其误解为黏人了。狗主人必须尽到身为领袖的责任，否则就养不好狗!

对自己有自信、自立自强的男人决不会黏着女人。所以您也挺有看男人的眼光的。不过，如果过度自信，就可能会被周围人孤立，所以某种程度上，懂得讨好的男人更有前途?剩下的全看您的个人价值观了。

我是 40 岁过半的单身女性。我家的猫可爱到能让我忘掉工作的疲惫。母亲见我这个样子，却叹气连连："就因为总顾着猫，你才结不了婚的。"是这样吗？您是怎么结婚的呢？另外，婚后有什么变化？

有一份关于"养猫的单身男性结不了婚"的调查报告。

这是距今 20 多年前在美国的一次调查结果。但我曾经也是养猫的单身汉，不知不觉间就结了婚。我很赞同猫能够治愈工作的疲劳，但您是不是偷换概念了？结不了婚的原因可能在别处啊？也不是说非得结婚不可，但恋爱还是必须应进行的。虽不清楚一些人是胆小还是破罐子破摔，但"恋爱实在是滑稽可笑"——我觉得持这种态度的人挺亏的，毕竟人生只有一次。人类必须与他人建立亲密关系才能活下去。即使在结婚后，我感觉也没什么变化。我认为人生搭档还是不可或缺的。如果没有与人的交流，也就无法准确理解猫的真正想法。不如带个比自己小的帅气男友回家，让母亲无话可说吧？

Q
93

我特别喜欢猫，以后想和医生您一样开家猫医院，因此每天都在努力学习。可是跟父母说了这件事后，他们却说：“当普通的白领不就挺好的吗？”您打算当猫医生时，被家人反对过吗？另外，有什么说服他们的好办法呢？

从我成为兽医开始，父亲就特别反对。

我孩提时的梦想是成为像大卫·爱登堡（David Attenborough，世界自然纪录片之父）、康拉德·柴卡里阿斯·洛伦兹（Konrad Zacharias Lorenz，奥地利动物行为学家）那样的学者。不过小时候我并不懂，以为当上兽医就能成为学者。小孩子的梦想越大越好，成长过程中再把它调整为符合现实的梦想，稍微超出自己能力范围的难度就刚刚好。

如今日本全国已经有多家这样的宠物医院了，可我当初开设专门的猫医院时，周围的兽医及大学教授都表示不赞同。我父亲也是，对于自己不了解的兽医工作很是反对。但凡事都是如此，遭人反对不是正好吗？不过我个人觉得这个问题挺有违和感的，我是因为自己没办法成为普通职员，才当上了猫医生。也有觉得当普通职员更难的人存在。您再认真思考一下，自己为什么想开猫医院吧。

喂喂，我要成为兽医。

我是前面的提问者。尽管遭到双亲的反对，我依然决定要成为兽医。我也认真地思考了想开猫医院的理由。因为自己特别喜欢猫，希望众多猫咪能健康地活下去。恳请您告诉我兽医工作的困难之处。

兽医是针对家畜的工作。

这是我进入兽医大学后，最早明白的东西。这一工作的立场，就是指导人类如何与动物和睦相处。对方是生物，有时容不得一点儿松懈。每天的积累都必不可少，就算想休息一会儿，这份工作也不会允许您这样做。您有这样的觉悟吗？与动物共同生活所获得的幸福感、动物的生命给主人所带来的影响——这些都十分重要，它们正是兽医被赋予的使命。

内容或许有点沉重，但不论决定从事什么工作，都得带着使命感啊。

我要从日本东北地区调到名古屋去了。这是第一次在中部地区生活。说起名古屋，“酱汁猪排”好像挺有名的，医生您有什么推荐的名古屋美食吗?

猫医生的美食特辑。

酱汁猪排用的是红味噌，来说说这个红味噌吧。实际上，味噌（面豉酱）是从中国传到日本的食物，用黄豆制作而成。江户时代的黄豆价格较贵，故而只有名古屋等德川幕府的领地才能用黄豆做味噌。所以，爱知县保留了深厚的红味噌文化。说到使用了该酱料的酱汁猪排，最不可错过的就是矢场町“矢场炸猪排”家的草鞋猪排了吧。

其他的推荐食物是中国的台湾菜。自古以来，名古屋就住着很多中国台湾人。我也曾有缘去台湾的动物园进修过。尽管最近台湾料理店变少了，但火爆的店铺还有“味仙”。刚开始吃的时候可能会辣得难以下咽，但习惯之后反而会上瘾。名古屋过去是传统艺术盛行的地方，从古至今也有不少日本料理名店。与东京相比，生鲜食材的价格更便宜，请放心来名古屋吧。

我是机器白痴，所以一直用的是旧式手机。儿子说智能机更好，可费用昂贵，我觉得能打电话发信息就足矣，换手机的时候也准备继续用旧式手机。而且旧式手机也能拍出好看的爱猫照片，没必要强行换成智能机。医生您用的是旧式手机还是智能机呢?

我用的是不能安装应用软件的老年智能机！

身为智能机却无法使用 Line 和 Facebook。这几乎就是旧式手机了吧？早稻田大学的三友仁志老师曾说过“距今 5 年前，没有一个专家预测到 Line（社交软件）会被普遍使用”。信息工具的变化令人惊异，年轻一辈似乎出现了信息的消化不良。最近养宠物的人数呈下降趋势，尤其是年轻一辈减少了。有专家指出这可能与智能机有关系。说一个非常私人的意见：比起一直与信息接触，如果有更多与生物直接接触的机会，将会使情绪与感情更加丰富……旧式手机也好，智能机也罢，应该把重心放在与家中小动物共同生活、交流上才是。

医生您的回答里经常出现电影的话题，那么您印象最深的电影是哪部呢？

应该是李小龙演的电影吧。

在我还是中学生的时候，当时都是用零花钱去电影院看电影，一年最多一次。那时，我得到了《龙争虎斗》（1973 年出品，李小龙等人主演）的电影票。我特别开心，上映后直奔影院！可不熟悉影院的小孩子失算了，里面自然是满座了。而我只能看那一天的，无奈之下只得进去后站着看，在大人们的身后我几乎看不见画面。我坚持了一会儿，最后还是死心地回了家。这大概是儿时最不甘心的回忆吧？！结果几年后才好好地看了一遍……因为看的时候全神贯注，所以我对这部电影印象很深。后来有了 DVD 这种方便的东西，可以在晚上悠闲地观影，但时间允许的话，我还是想去影院看啊。我在自家看的电影，多是惩恶扬善的剧情。比如《狠将奇兵》（*Street of Fire*）。我觉得像主演迈克尔·帕尔（Michael Paré）那样沉默寡言的男人非常帅气。其他的演员，如史蒂夫·麦奎因（Steve McQueen）、后来的杰森·斯坦森（Jason Statham），我都很喜欢他们给人的这种感觉。我看过很多遍的片子有彼得·塞勒斯（Peter Sellers）的《富贵逼人来》（*Being There*）。我是通过此片认识的雪莉·麦克雷恩（Shirley MacLaine），后来又看了她年轻时的作品，她是我最喜欢的女演员。这部电影是彼得·塞勒斯晚年的作品，片子的讽刺感令我深感共鸣。看电影不必赞同影评家的高评价，看各种作品时自己随心所欲地解读就挺好的。

入冬后，感冒在北海道流行了起来。我喜欢用毛毯来御寒。铃木医生是怎样防寒的呢?

我妻子是札幌人。去她北海道的老家时我受到了感冒冲击!

大冬天的，居然在家里穿短裤！北海道整夜都开着暖气，室内的任何地方都很温暖，没用到什么暖炉之类的。如果在名古屋，最不济也能靠暖炉过冬，可在极寒地区，光靠暖炉似乎行不通。因为那边的习惯，我们家也是整晚开着暖气过冬。猫咪们似乎很舒服，老猫也不会生病，故而活得更长。说起来，我 20 多岁的时候，曾穿着短袖得瑟地过了一个冬天。虽然穿了羽绒背心，但一冬天的穿衣原则是坚持穿短袖！当时我并没有感冒，正当我以为这是小菜一碟时，没想到次年夏天遇到了最糟糕的情况——身体根本抗不住暑气。自那以后，冬天里我都会穿着冬装，为了来年夏天而做好防寒。告诉您一个外出时的防寒诀窍。选尺寸刚好贴身的羽绒大衣，里面尽量穿薄点儿。尺寸太大的羽绒服会出现空隙，因而不怎么温暖。而房间里开暖气的诀窍是，制造出让高处空气往下降的气流。空调的风量开到最大，更能增强暖气效果。自从我家天花板上装了风扇后，温暖程度得到了飞跃性的提升。

我是名初中男生。超喜欢薯片，每天都吃，可父母说这对身体不好，让我别每天吃。您会挑食吗？还有，被人说了无法接受的话而心感压力时，要怎样排解才好呢？

我不挑食的。

所以从以前开始，我就没什么特别沉迷的食物，也无法理解您的感受。美国还发现过几十年来只喝啤酒，却过得安然无恙的男子。可偏食所带来的风险是个至关重要的问题。会真心关心这一点的只有父母哦！不过，曾经我也是这样，父母之恩等到他们去世了我才明白。吃不了喜欢的食物，这产生的不叫压力，是单纯的任性情绪而已。真正会有压力的是得不到食物。比如在战争时期或饥荒年代，人们为了一口吃的苦苦挣扎，这样的状况才叫有压力。而能在便利店里买到薯条的环境，幸福度简直高达 120%。将来，您独立生活后应该就会明白，生活里全是些无法接受的事情。总为这种事而忧心，是不会有任何进步的！

Q 100

我是初中二年级的学生，差不多该决定未来了。我想去美术学校，可父母考虑到将来，劝我最好进普通学校。我应该听父母的话，努力学习考入普通学校吗？还是应该继续追逐梦想呢？

我对绘画也挺感兴趣，学生时代常去逛美术馆。

可能是小学时拿过奖，我有些飘飘然了。但因为某一件事，我对美术之路断了念想。大约在 15 岁时，我去了家美术馆，其中的一幅画吸引了我的目光。尽管现在想不起画展主题名称了，但应该是欧洲美术馆的作品展。那是幅巨大的老油画，从未听过的画家，从未见过的作品。它至今仍留在我记忆里。界限被划分得一清二楚，自己绝对画不出这样的作品。

世上多的是拥有非凡才能的人。虽然需要经历些事情来意识到自己的平凡，但要相信凡人也能靠拼搏做出点事儿来。未来不是靠学校决定的，而是靠自己。毕业于优秀的院校，不一定就了不起，也有不少人因为没能上好学校的心结而出人头地。首先想想自己是因为谁才得以上学的，学费是父母出的啊，然后再来想想将来要怎么办吧。

我是听觉王山（位于日本名古屋市千种区）的和尚说的。工作分为天职和适职，天职是上天赐予的一心奉公的工作，适职是恰好适合自己的工作。感觉对铃木医生来说，兽医似乎是您的天职。这当然是因为喜欢而从事的工作，但肯定也有很多辛酸的时刻吧。我想听听这方面的故事。

和尚说得可真好呢！

以前，有个认识的意大利人对我说过："您的工作就是任务（mission）。"这个词可能和日语中惯用的"任务"意思有些不同，不仅有使命的意思，似乎还包含着天职的意思，我很高兴他能这样想。不过在如今的工作中，我并不觉得工作是负担，没有一点儿勉强，因此兽医对我来说也是适职吧？有人说我"亏您能一直不休息地工作！"但休息时如果无事可做，我反而会坐立不安，难道只有我会这样吗？

假如能发现什么事情比现在的工作更有趣，我也打算休息一下。

但可能是上了年纪的原因吧，连夜诊疗时，身体会有点吃不消，所以晚上就睡了。假如早上 4 点被急患叫醒，年轻的时候还能在诊疗结束后接着睡觉，可 40 岁以后就不行了。然后次日脑子都迷迷糊糊的，白费了一整天，因此我现在尽量把工作集中在白天。漫画家的工作有这么辛苦吗？（笑）可惜我想不到什么辛酸的回忆……

说起来从前，有个熟人警告我说，有网络论坛里写满了关于我和其他兽医的事。日本东京的一位兽医以诽谤名誉为由起诉了发帖人，胜诉后赢了几百万日元（100 万日元约为 6.5 万元人民币），熟人的意思是劝我也起诉。当时我却说："说明我已经红到有人说坏话了啊。在'讨厌的艺人前十榜'里面，也有不少大家喜欢的艺人上榜了吧。"把坏话作为自我反省的材料，虽然我做不到这种圣人般的行为，不过送那些害怕听到自己坏话的人一句话："还有人愿意理您，不是挺好的吗！别放在心上！"

职业分为两类，职人与商人。职人在日语中指手艺人、工匠、有职位的人、有技术的人，"职人精神"代表着精益求精、坚韧不拔和守护传统。二者

间的巨大差别在于，职人以无业为耻，商人以缺钱为耻。我不是说谁好谁坏，而是大家都有各自的使命。有钱当然最好，但职人的特征是眼里没有费用与效果的对比。日本过去的买卖，无论是饮食店还是和服店，都是靠顾客支撑起了职人。听前辈讲过一个关于某镇上酒窖的故事。两家酒窖对酒可能都一样有热情。可其中一家为了让经营合理化，而采用了将酿酒人（酿酒的职人）控制在最低限度的经营方针。另一家则重视酿酒人，给他们工作上的发挥空间，以酿出好酒。结果不言而喻，重视酿酒人的酒窖逐渐有了名气，成了一家大酒窖……这类老故事似乎今天也有。虽然这是个好例子，告诉我们正是因为有了支持职人的商人，生意才能有所发展，可感觉社会的风潮似乎更看重商人，而职人精神没怎么得到提倡。难道是我心存偏见？

宠物医院都是小型个人企业，当然不会有什么国家的补助金。根据日本的相关规定，只有兽医才能经营，仅以营业为目的的企业开不了宠物医院。也就是说，兽医的工作不会与职业商人扯上关系，只能由职人群体开展活动。但我觉得，没有什么工作比兽医更值得去做了。尽管人们常说这项工作本身就具有企业的社会责任，可“天职就是要一心为公”的说法我也非常理解。

像这样与您相遇，说不定是前世结下的缘分，可我们都工作得如此辛苦，上辈子八成是做了什么天大的坏事。不过，我们还是努力完成今生的事吧！

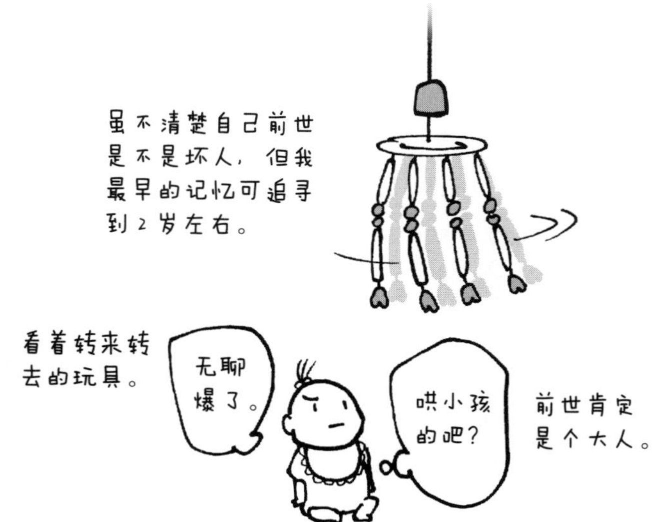

结 语

猫是种什么样的动物?

是一种存在于所有世人记忆中的动物。

任何人都知道猫，且或多或少与之有关联点，猫是与狗平分人气的动物。最近在日本，狗的数量有减少的趋势，可猫依然受欢迎。岂止如此，世界上最早的人工智能计算机上出现的第一幅画面就是猫的图像。“猫的存在感高到连机器都喜欢它。”那么，猫的什么地方如此有魅力呢?没有实际一起生活过是无法想明白的，也无法简单地用言语表达，即使像这样写成书，也会留下一种无法表达完全的焦躁感。我希望主人们与猫相处时，不要让猫留在“记录”里，而是留在“记忆”里。

成为兽医的 30 年之际，我得以出版了本书的日文版。感谢各位提问的读者、株式会社角川书店的清水先生、媒体魔术（Media Magic）的工作人员，以及用心绘制出猫医生形象的来来猫大和。

猫医生

铃木真

兽医。1960 年，出生于日本爱知县。

1989 年，在名古屋市的千种区

开设了日本第一家专门的猫诊所“猫医院”。

处理医院业务的同时，

也在继续研究猫的特应性皮炎的治疗。

主要著书有《爱猫人趣话》《爱狗人趣话》（德间文库刊）等。

来来猫大和

漫画家、商业设计师。

1973 年，出生于日本爱知县。

1993 年，从名古屋造型艺术大学短期大学部毕业后，

就职于设计公司。

2006 年，开设了“来来猫大和”的博客。

主要著书有《来来猫》（1~15 部）、

《来来猫番外篇 · 回忆的故事》（角川书店刊）、

《阿仆与小不点》《殿下与老虎》（幻冬舍漫画刊）等。